아이스크림 더연산

빨간펜

왜, 『더 연산』일까요?

수학은 기초가 중요한 학문입니다.

기초가 튼튼하지 않으면 학년이 올라갈수록 수학을 마주하기 어려워지고, 그로 인해 수포자도 생기게 됩니다.
이러한 이유는 수학은 계통성이 강한 학문이기 때문입니다.
수학의 기초가 부족하면 후속 학습에 영향을 주게 되므로 기초는 무엇보다 중요합니다.
또한 기초가 튼튼하면 문제를 해결하는 힘이 생기고 학습에 자신감이 붙게 되므로 기초를 단단히 해야 합니다.

수학의 기초는 연산부터 시작합니다.

『더 연산』은 초등학교 1학년부터 6학년까지의 전체 연산을 모두 모아 덧셈, 뺄셈, 곱셈, 나눗셈을 각 1권으로,
분수, 소수를 각 2권으로 구성하여 계통성을 살려 집중적으로 학습하는 교재입니다(* 아래 표 참고).
연산을 집중적으로 학습하여 부족한 부분은 보완하고, 학습의 흐름을 이해할 수 있게 하였습니다.

뺄셈

1-1	1-2	2-1	2-2	3-1	3-2
9까지의 수	100까지의 수	세 자리 수	네 자리 수	덧셈과 뺄셈	곱셈
여러 가지 모양	덧셈과 뺄셈	여러 가지 도형	곱셈구구	평면도형	나눗셈
덧셈과 뺄셈	여러 가지 모양	덧셈과 뺄셈	길이 재기	나눗셈	원
비교하기	덧셈과 뺄셈	길이 재기	시각과 시간	곱셈	분수
50까지의 수	시계 보기와 규칙 찾기	분류하기	표와 그래프	길이와 시간	들이와 무게
–	덧셈과 뺄셈	곱셈	규칙 찾기	분수와 소수	자료의 정리

1학년 학생에게

뺄셈을 처음 배우는 시기이므로 뺄셈이 무엇인지 확실히 이해하고, 가르기부터 기초를 단단하게 해야 해요. 반복해서 연습해 보세요.

2학년 학생에게

1학년 때 배운 뺄셈을 능숙하게 할 수 있다면 다양한 수, 다양한 형태의 뺄셈에 도전해 보세요.

『더 연산』은 아래와 같은 상황에 더 필요하고 유용한 교재입니다.

✶ 이전 학년 또는 이전 학기에 배운 내용을 다시 학습해야 할 필요가 있을 때,
✶ 학기와 학기 사이에 배우지 않는 시기가 생길 때,
✶ 현재 학습 내용을 이전 학습, 이후 학습과 연결하여 학습 내용에 대한 이해를 더 견고하게 하고 싶을 때,
✶ 이후에 배울 내용을 미리 공부하고 싶을 때,

『더 연산』이 적합합니다.
『더 연산』은 부담스럽지 않고 꾸준히 학습할 수 있게 하루에 한 주제 분량으로 구성하였습니다.
한 주제는 간단히 개념을 확인한 후 4쪽 분량으로 연습하도록 구성하여 지치지 않게 꾸준히 학습하는 습관을
기를 수 있도록 하였습니다.

* 학기 구성의 예

4-1	4-2	5-1	5-2	6-1	6-2
큰 수	분수의 덧셈과 뺄셈	자연수의 혼합 계산	수의 범위와 어림하기	분수의 나눗셈	분수의 나눗셈
각도	삼각형	약수와 배수	분수의 곱셈	각기둥과 각뿔	소수의 나눗셈
곱셈과 나눗셈	소수의 덧셈과 뺄셈	규칙과 대응	합동과 대칭	소수의 나눗셈	공간과 입체
평면도형의 이동	사각형	약분과 통분	소수의 곱셈	비와 비율	비례식과 비례배분
막대그래프	꺾은선그래프	분수의 덧셈과 뺄셈	직육면체	여러 가지 그래프	원의 넓이
규칙 찾기	다각형	다각형의 둘레와 넓이	평균과 가능성	직육면체의 겉넓이와 부피	원기둥, 원뿔, 구

세 자리 수의 뺄셈은 초등학교 뺄셈의 끝판왕이에요. 세 자리 수의 뺄셈을 완성하면
이후에 배울 분수의 뺄셈, 소수의 뺄셈도 거뜬히 해낼 수 있어요. 단단하게 자리 잡힌 뺄셈 실력으로
어떤 뺄셈 문제라도 충분히 해결해 보세요.

구성과 특징

출발!

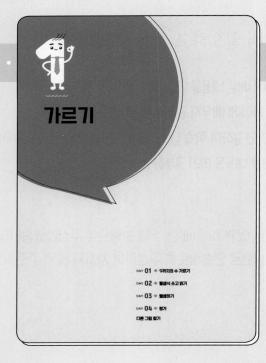

가르기

DAY 01 ✦ 9까지의 수 가르기
DAY 02 ✦ 뺄셈식 쓰고 읽기
DAY 03 ✦ 뺄셈하기
DAY 04 ✦ 평가
다른 그림 찾기

1 공부할 내용을
미리 확인해요.

2 주제별 문제를 해결해요.

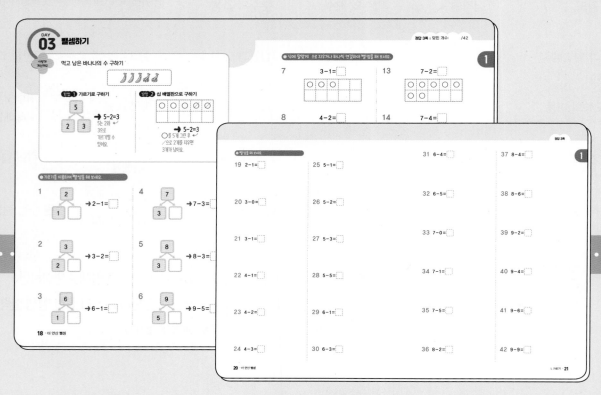

도착!

4

그림을 찾으며
잠시 쉬어 가요.

다른 그림 찾기

🔍 다른 그림 8곳을 찾아보세요. ☆

24 · 더 연산 뺄셈

3 단원을 마무리해요.

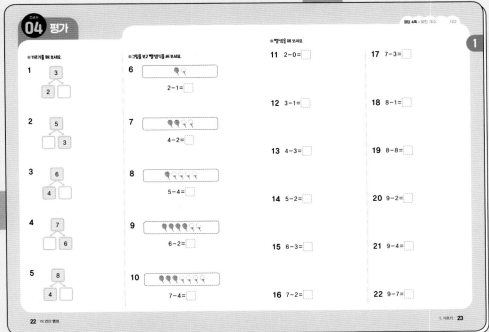

● 가르기를 해 보세요.

1

```
    3
  2   □
```

2

```
    5
  □   3
```

3

```
    6
  4   □
```

4

```
    7
  □   6
```

5

```
    8
  4   □
```

● 그림을 보고 뺄셈식을 써 보세요.

6
```
🎈🐀
```
2-1=□

7
```
🎈🎈🐀🐀
```
4-2=□

8
```
🐀🐀🐀🐀
```
5-4=□

9
```
🎈🎈🎈🐀🐀
```
6-2=□

10
```
🎈🎈🎈🐀🐀🐀🐀
```
7-4=□

● 뺄셈을 해 보세요.

11 2-0=□

12 3-1=□

13 4-3=□

14 5-2=□

15 6-3=□

16 7-2=□

17 7-3=□

18 8-1=□

19 8-8=□

20 9-2=□

21 9-4=□

22 9-7=□

1

차례

1 가르기

공부할 내용	쪽수
DAY 01 9까지의 수 가르기	10
DAY 02 뺄셈식 쓰고 읽기	14
DAY 03 뺄셈하기	18
DAY 04 평가	22
다른 그림 찾기	24

2 받아내림이 없는 뺄셈

공부할 내용	쪽수
DAY 05 (몇십몇)−(몇)	26
DAY 06 (몇십)−(몇십)	30
DAY 07 (몇십몇)−(몇십)	34
DAY 08 (몇십몇)−(몇십몇)	38
DAY 09 평가	42
다른 그림 찾기	44

3 여러 가지 뺄셈

공부할 내용	쪽수
DAY 10 세 수의 뺄셈	46
DAY 11 10에서 빼기	50
DAY 12 10을 이용하여 가르기	54
DAY 13 (십몇)−(몇): 받아내림이 있는 경우	58
DAY 14 평가	62
다른 그림 찾기	64

4
받아내림이 있는 뺄셈

공부할 내용	쪽수
DAY **15** (두 자리 수)−(한 자리 수)	**66**
DAY **16** (몇십)−(몇십몇)	**70**
DAY **17** (두 자리 수)−(두 자리 수)	**74**
DAY **18** 여러 가지 방법으로 뺄셈하기	**78**
DAY **19** 세 수의 뺄셈	**82**
DAY **20** 평가	**86**
다른 그림 찾기	**88**

5
덧셈과 뺄셈

공부할 내용	쪽수
DAY **21** 덧셈과 뺄셈의 관계	**90**
DAY **22** 덧셈식에서 ☐의 값 구하기	**94**
DAY **23** 뺄셈식에서 ☐의 값 구하기	**98**
DAY **24** 세 수의 덧셈과 뺄셈	**102**
DAY **25** 평가	**106**
다른 그림 찾기	**108**

6
세 자리 수의 뺄셈

공부할 내용	쪽수
DAY **26** (세 자리 수)−(세 자리 수): 받아내림이 없는 경우	**110**
DAY **27** (세 자리 수)−(세 자리 수): 받아내림이 한 번 있는 경우	**114**
DAY **28** (세 자리 수)−(세 자리 수): 받아내림이 두 번 있는 경우	**118**
DAY **29** 평가	**122**
다른 그림 찾기	**124**

공부 습관, 하루를 쌓아요!

◯ 공부한 내용에 맞게 공부한 날짜를 적고, 만족한 정도만큼 ✓표 해요.

공부한 내용	공부한 날짜		✓ 확인 ☻ ☺ ☹
DAY 01 9까지의 수 가르기	월	일	☐ ☐ ☐
DAY 02 뺄셈식 쓰고 읽기	월	일	☐ ☐ ☐
DAY 03 뺄셈하기	월	일	☐ ☐ ☐
DAY 04 평가	월	일	☐ ☐ ☐
DAY 05 (몇십몇)−(몇)	월	일	☐ ☐ ☐
DAY 06 (몇십)−(몇십)	월	일	☐ ☐ ☐
DAY 07 (몇십몇)−(몇십)	월	일	☐ ☐ ☐
DAY 08 (몇십몇)−(몇십몇)	월	일	☐ ☐ ☐
DAY 09 평가	월	일	☐ ☐ ☐
DAY 10 세 수의 뺄셈	월	일	☐ ☐ ☐
DAY 11 10에서 빼기	월	일	☐ ☐ ☐
DAY 12 10을 이용하여 가르기	월	일	☐ ☐ ☐
DAY 13 (십몇)−(몇): 받아내림이 있는 경우	월	일	☐ ☐ ☐
DAY 14 평가	월	일	☐ ☐ ☐
DAY 15 (두 자리 수)−(한 자리 수)	월	일	☐ ☐ ☐
DAY 16 (몇십)−(몇십몇)	월	일	☐ ☐ ☐
DAY 17 (두 자리 수)−(두 자리 수)	월	일	☐ ☐ ☐
DAY 18 여러 가지 방법으로 뺄셈하기	월	일	☐ ☐ ☐
DAY 19 세 수의 뺄셈	월	일	☐ ☐ ☐
DAY 20 평가	월	일	☐ ☐ ☐
DAY 21 덧셈과 뺄셈의 관계	월	일	☐ ☐ ☐
DAY 22 덧셈식에서 ☐의 값 구하기	월	일	☐ ☐ ☐
DAY 23 뺄셈식에서 ☐의 값 구하기	월	일	☐ ☐ ☐
DAY 24 세 수의 덧셈과 뺄셈	월	일	☐ ☐ ☐
DAY 25 평가	월	일	☐ ☐ ☐
DAY 26 (세 자리 수)−(세 자리 수): 받아내림이 없는 경우	월	일	☐ ☐ ☐
DAY 27 (세 자리 수)−(세 자리 수): 받아내림이 한 번 있는 경우	월	일	☐ ☐ ☐
DAY 28 (세 자리 수)−(세 자리 수): 받아내림이 두 번 있는 경우	월	일	☐ ☐ ☐
DAY 29 평가	월	일	☐ ☐ ☐

9

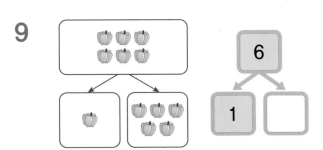

10

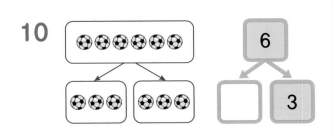

11

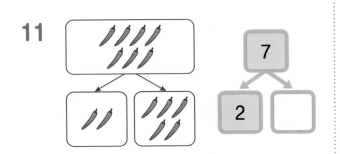

12

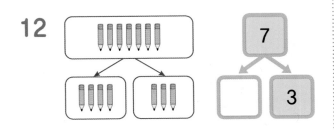

13

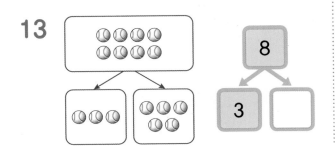

14

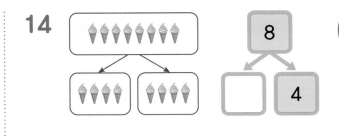

15

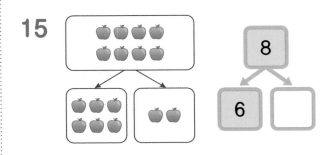

16

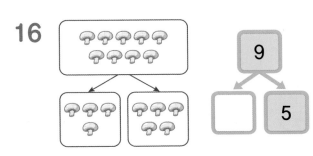

17

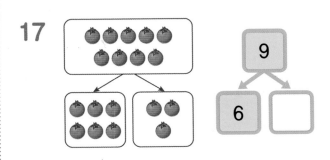

18

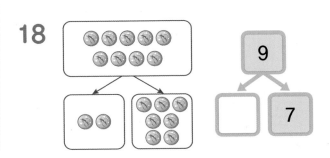

1. 가르기 • **11**

19

20
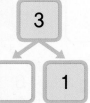

21
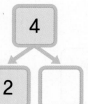

22
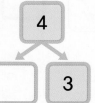

23
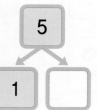

24
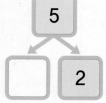

25
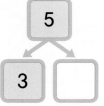

26
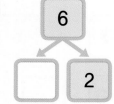

27
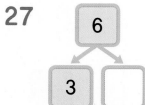

28
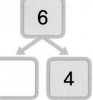

29
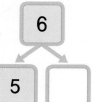

30

가르기

DAY **01** ◆ 9까지의 수 가르기

DAY **02** ◆ 뺄셈식 쓰고 읽기

DAY **03** ◆ 뺄셈하기

DAY **04** ◆ 평가

다른 그림 찾기

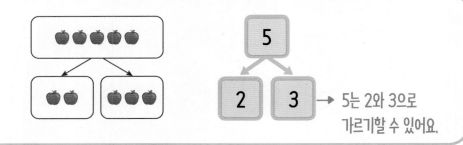

DAY 01 9까지의 수 가르기

이렇게
계산해요

5는 2와 3으로
가르기할 수 있어요.

● 그림을 보고 가르기를 해 보세요.

1
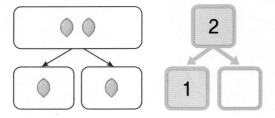

5
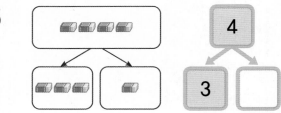

2
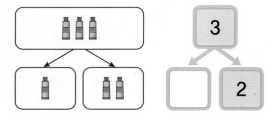

6
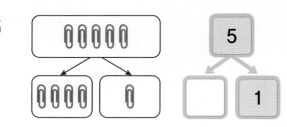

3
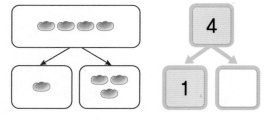

7
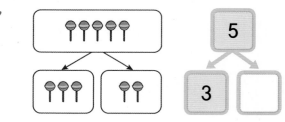

4
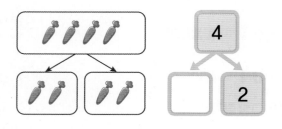

8
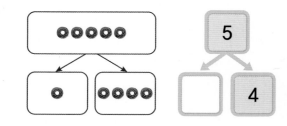

1

31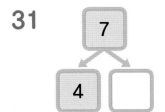

32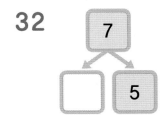

33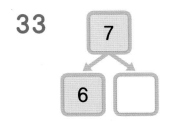

34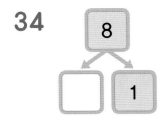

35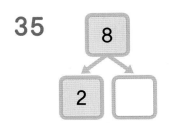

36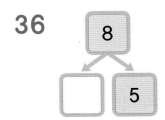

37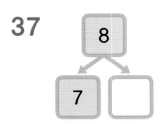

38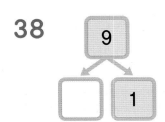

39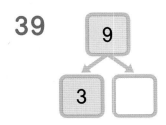

40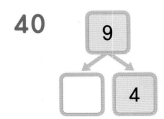

41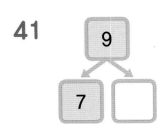

42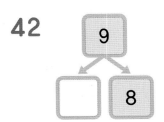

이렇게
계산해요

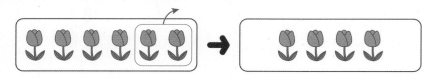

쓰기   6 **-** 2 **=**   4

읽기 6 빼기 2는 4와 같습니다.
6과 2의 차는 4입니다.

● 그림을 보고 뺄셈식을 쓰고 읽어 보세요.

1

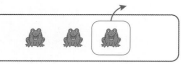

쓰기 3-1=☐

읽기 3 빼기 ☐은/는 ☐와/과
같습니다.

2

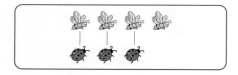

쓰기 4-3=☐

읽기 4 빼기 ☐은/는 ☐와/과
같습니다.

3

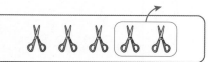

쓰기 5-2=☐

읽기 5 빼기 ☐은/는 ☐와/과
같습니다.

4

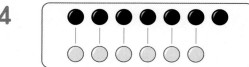

쓰기 7-6=☐

읽기 7과 ☐의 차는 ☐입니다.

5

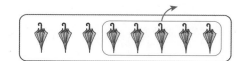

쓰기 8-5=☐

읽기 8과 ☐의 차는 ☐입니다.

6

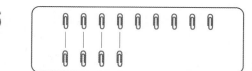

쓰기 9-4=☐

읽기 9와 ☐의 차는 ☐입니다.

1

● 다음을 뺄셈식으로 나타내어 보세요.

7 　2 빼기 1은 1과 같습니다.

뺄셈식 _____

8 　3과 2의 차는 1입니다.

뺄셈식 _____

9 　4 빼기 2는 2와 같습니다.

뺄셈식 _____

10 　5와 1의 차는 4입니다.

뺄셈식 _____

11 　5 빼기 3은 2와 같습니다.

뺄셈식 _____

12 　6과 3의 차는 3입니다.

뺄셈식 _____

13 　6과 5의 차는 1입니다.

뺄셈식 _____

14 　7 빼기 2는 5와 같습니다.

뺄셈식 _____

15 　7과 4의 차는 3입니다.

뺄셈식 _____

16 　8 빼기 3은 5와 같습니다.

뺄셈식 _____

17 　9와 1의 차는 8입니다.

뺄셈식 _____

18 　9 빼기 7은 2와 같습니다.

뺄셈식 _____

19 $3-1=2$

3 빼기 1은 ☐ 와/과 같습니다.

3과 1의 차는 ☐ 입니다.

20 $4-3=1$

4 빼기 3은 ☐ 와/과 같습니다.

4와 3의 차는 ☐ 입니다.

21 $5-2=3$

5 빼기 2는 ☐ 와/과 같습니다.

5와 2의 차는 ☐ 입니다.

22 $6-1=5$

6 빼기 ☐ 은/는 5와 같습니다.

6과 1의 차는 ☐ 입니다.

23 $6-4=2$

☐ 빼기 4는 2와 같습니다.

6과 ☐ 의 차는 2입니다.

24 $7-3=4$

7 빼기 ☐ 은/는 4와 같습니다.

☐ 와/과 3의 차는 4입니다.

25 $7-5=2$

7 빼기 5는 ☐ 와/과 같습니다.

7과 ☐ 의 차는 2입니다.

26 $8-1=7$

☐ 빼기 1은 7과 같습니다.

8과 1의 차는 ☐ 입니다.

27 $9-3=6$

9 빼기 ☐ 은/는 6과 같습니다.

9와 ☐ 의 차는 6입니다.

28 $9-5=4$

9 빼기 5는 ☐ 와/과 같습니다.

☐ 와/과 5의 차는 4입니다.

● 그림을 보고 뺄셈식을 써 보세요.

29

2−1=□

30

3−2=□

31

4−1=□

32

5−4=□

33

6−3=□

34

7−1=□

35

8−2=□

36

8−4=□

37

9−6=□

38

9−8=□

이렇게
계산해요

먹고 남은 바나나의 수 구하기

방법 1 가르기로 구하기

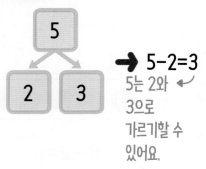

➜ 5-2=3

5는 2와
3으로
가르기할 수
있어요.

방법 2 십 배열판으로 구하기

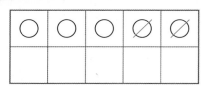

➜ 5-2=3

○를 5개 그린 후
╱으로 2개를 지우면
3개가 남아요.

● 가르기를 이용하여 뺄셈을 해 보세요.

1
2
1 □
➜ 2-1=□

4
7
3 □
➜ 7-3=□

2
3
2 □
➜ 3-2=□

5
8
3 □
➜ 8-3=□

3
6
1 □
➜ 6-1=□

6
9
5 □
➜ 9-5=□

1

● 식에 알맞게 / 으로 지우거나 하나씩 연결하여 뺄셈을 해 보세요.

7   3−1=☐

13   7−2=☐

8   4−2=☐

14   7−4=☐

9   5−3=☐

15   8−1=☐

10   5−4=☐

16   8−5=☐

11   6−2=☐

17   9−3=☐

12   6−5=☐

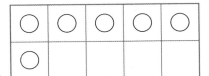

18   9−7=☐

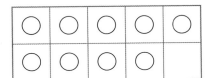

19 $2-1=\boxed{}$

20 $3-0=\boxed{}$

21 $3-1=\boxed{}$

22 $4-1=\boxed{}$

23 $4-2=\boxed{}$

24 $4-3=\boxed{}$

25 $5-1=\boxed{}$

26 $5-2=\boxed{}$

27 $5-3=\boxed{}$

28 $5-5=\boxed{}$

29 $6-1=\boxed{}$

30 $6-3=\boxed{}$

31 6−4=☐

37 8−4=☐

32 6−5=☐

38 8−6=☐

33 7−0=☐

39 9−2=☐

34 7−1=☐

40 9−4=☐

35 7−5=☐

41 9−6=☐

36 8−2=☐

42 9−9=☐

●가르기를 해 보세요.

1
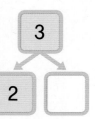

2
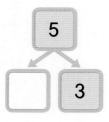

3
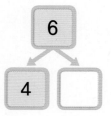

4
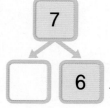

5
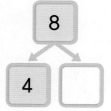

●그림을 보고 뺄셈식을 써 보세요.

6

$2-1=\boxed{}$

7

$4-2=\boxed{}$

8

$5-4=\boxed{}$

9

$6-2=\boxed{}$

10

$7-4=\boxed{}$

1

● 빨셈을 해 보세요.

11 $2-0=\boxed{}$

12 $3-1=\boxed{}$

13 $4-3=\boxed{}$

14 $5-2=\boxed{}$

15 $6-3=\boxed{}$

16 $7-2=\boxed{}$

17 $7-3=\boxed{}$

18 $8-1=\boxed{}$

19 $8-8=\boxed{}$

20 $9-2=\boxed{}$

21 $9-4=\boxed{}$

22 $9-7=\boxed{}$

다른 그림 찾기

>> 다른 그림 8곳을 찾아보세요.

받아내림이
없는 뺄셈

DAY **05** ✚ (몇십몇)-(몇)

DAY **06** ✚ (몇십)-(몇십)

DAY **07** ✚ (몇십몇)-(몇십)

DAY **08** ✚ (몇십몇)-(몇십몇)

DAY **09** ✚ 평가

다른 그림 찾기

이렇게
계산해요

35-4의 계산

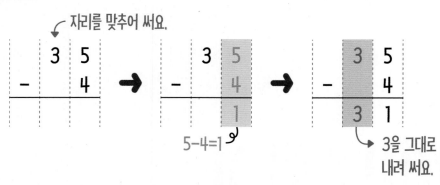

자리를 맞추어 써요.

5-4=1

3을 그대로
내려 써요.

● 계산해 보세요.

1

	1	5
−		1

2

	1	9
−		7

3

	2	3
−		2

4

	2	6
−		3

5

	3	2
−		2

6

	3	4
−		1

7

	3	8
−		4

8

	4	4
−		1

2

9
$$
\begin{array}{r}
4\ 5 \\
-\quad 1 \\
\hline
\end{array}
$$

15
$$
\begin{array}{r}
7\ 6 \\
-\quad 2 \\
\hline
\end{array}
$$

10
$$
\begin{array}{r}
5\ 1 \\
-\quad 1 \\
\hline
\end{array}
$$

16
$$
\begin{array}{r}
8\ 1 \\
-\quad 1 \\
\hline
\end{array}
$$

11
$$
\begin{array}{r}
5\ 4 \\
-\quad 3 \\
\hline
\end{array}
$$

17
$$
\begin{array}{r}
8\ 9 \\
-\quad 7 \\
\hline
\end{array}
$$

12
$$
\begin{array}{r}
6\ 5 \\
-\quad 3 \\
\hline
\end{array}
$$

18
$$
\begin{array}{r}
9\ 3 \\
-\quad 2 \\
\hline
\end{array}
$$

13
$$
\begin{array}{r}
6\ 8 \\
-\quad 7 \\
\hline
\end{array}
$$

19
$$
\begin{array}{r}
9\ 5 \\
-\quad 1 \\
\hline
\end{array}
$$

14
$$
\begin{array}{r}
7\ 3 \\
-\quad 3 \\
\hline
\end{array}
$$

20
$$
\begin{array}{r}
9\ 8 \\
-\quad 5 \\
\hline
\end{array}
$$

21
```
    1  3
 -     1
_____
```

22
```
    1  6
 -     4
_____
```

23
```
    1  8
 -     2
_____
```

24
```
    2  2
 -     2
_____
```

25
```
    2  4
 -     3
_____
```

26
```
    2  9
 -     7
_____
```

27
```
    3  1
 -     1
_____
```

28
```
    3  3
 -     2
_____
```

29
```
    3  6
 -     3
_____
```

30
```
    4  3
 -     2
_____
```

31
```
    4  5
 -     3
_____
```

32
```
    4  8
 -     6
_____
```

33 $52-1=$

34 $56-3=$

35 $57-2=$

36 $64-4=$

37 $66-5=$

38 $69-2=$

39 $72-1=$

40 $75-3=$

41 $78-6=$

42 $84-2=$

43 $85-1=$

44 $87-5=$

45 $91-1=$

46 $94-3=$

47 $96-4=$

48 $99-2=$

이렇게
계산해요

40-10의 계산

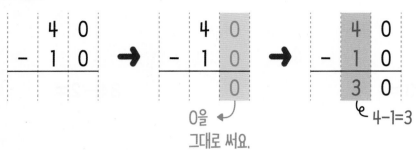

0을
그대로 써요.

4-1=3

계산해 보세요.

1

	2	0
−	1	0

2

	3	0
−	1	0

3

	3	0
−	2	0

4

	4	0
−	2	0

5

	4	0
−	3	0

6

	5	0
−	1	0

7

	5	0
−	3	0

8

	5	0
−	4	0

9

```
    6  0
 -  1  0
```

10

```
    6  0
 -  3  0
```

11

```
    6  0
 -  5  0
```

12

```
    7  0
 -  2  0
```

13

```
    7  0
 -  4  0
```

14

```
    7  0
 -  6  0
```

15

```
    8  0
 -  2  0
```

16

```
    8  0
 -  3  0
```

17

```
    8  0
 -  7  0
```

18

```
    9  0
 -  3  0
```

19

```
    9  0
 -  5  0
```

20

```
    9  0
 -  7  0
```

21
```
    2 0
  - 1 0
  ───────
```

22
```
    3 0
  - 1 0
  ───────
```

23
```
    3 0
  - 2 0
  ───────
```

24
```
    4 0
  - 1 0
  ───────
```

25
```
    4 0
  - 2 0
  ───────
```

26
```
    4 0
  - 3 0
  ───────
```

27
```
    5 0
  - 1 0
  ───────
```

28
```
    5 0
  - 3 0
  ───────
```

29
```
    5 0
  - 4 0
  ───────
```

30
```
    6 0
  - 2 0
  ───────
```

31
```
    6 0
  - 3 0
  ───────
```

32
```
    6 0
  - 4 0
  ───────
```

2

33 $70 - 10 =$

34 $70 - 30 =$

35 $70 - 40 =$

36 $70 - 50 =$

37 $70 - 60 =$

38 $80 - 10 =$

39 $80 - 30 =$

40 $80 - 40 =$

41 $80 - 50 =$

42 $80 - 60 =$

43 $90 - 10 =$

44 $90 - 20 =$

45 $90 - 40 =$

46 $90 - 60 =$

47 $90 - 70 =$

48 $90 - 80 =$

이렇게
계산해요

53-20의 계산

$$
\begin{array}{r}
5\ 3 \\
-\ 2\ 0 \\
\hline
\end{array}
\;\rightarrow\;
\begin{array}{r}
5\ \boxed{3} \\
-\ 2\ \boxed{0} \\
\hline
\boxed{3}
\end{array}
\;\rightarrow\;
\begin{array}{r}
\boxed{5}\ 3 \\
-\ \boxed{2}\ 0 \\
\hline
\boxed{3}\ 3
\end{array}
$$

3-0=3   5-2=3

● 계산해 보세요.

1

$$
\begin{array}{r}
2\ 1 \\
-\ 1\ 0 \\
\hline
\end{array}
$$

2

$$
\begin{array}{r}
2\ 7 \\
-\ 1\ 0 \\
\hline
\end{array}
$$

3

$$
\begin{array}{r}
3\ 2 \\
-\ 1\ 0 \\
\hline
\end{array}
$$

4

$$
\begin{array}{r}
3\ 5 \\
-\ 2\ 0 \\
\hline
\end{array}
$$

5

$$
\begin{array}{r}
4\ 4 \\
-\ 2\ 0 \\
\hline
\end{array}
$$

6

$$
\begin{array}{r}
4\ 7 \\
-\ 1\ 0 \\
\hline
\end{array}
$$

7

$$
\begin{array}{r}
4\ 9 \\
-\ 2\ 0 \\
\hline
\end{array}
$$

8

$$
\begin{array}{r}
5\ 3 \\
-\ 3\ 0 \\
\hline
\end{array}
$$

2

9
```
    5  6
-   4  0
─────────
```

15
```
    8  1
-   7  0
─────────
```

10
```
    6  1
-   2  0
─────────
```

16
```
    8  3
-   4  0
─────────
```

11
```
    6  3
-   4  0
─────────
```

17
```
    8  8
-   2  0
─────────
```

12
```
    6  6
-   1  0
─────────
```

18
```
    9  2
-   3  0
─────────
```

13
```
    7  2
-   3  0
─────────
```

19
```
    9  5
-   2  0
─────────
```

14
```
    7  4
-   1  0
─────────
```

20
```
    9  9
-   7  0
─────────
```

21
```
    2  3
 -  2  0
 _____
```

22
```
    2  8
 -  1  0
 _____
```

23
```
    3  1
 -  2  0
 _____
```

24
```
    3  4
 -  1  0
 _____
```

25
```
    3  7
 -  1  0
 _____
```

26
```
    4  2
 -  2  0
 _____
```

27
```
    4  5
 -  1  0
 _____
```

28
```
    4  6
 -  3  0
 _____
```

29
```
    5  1
 -  3  0
 _____
```

30
```
    5  4
 -  1  0
 _____
```

31
```
    5  8
 -  4  0
 _____
```

32
```
    5  9
 -  2  0
 _____
```

2

33 $62-40=$

34 $64-30=$

35 $65-20=$

36 $68-50=$

37 $71-20=$

38 $73-10=$

39 $76-40=$

40 $79-50=$

41 $84-30=$

42 $85-70=$

43 $87-20=$

44 $89-50=$

45 $91-40=$

46 $93-10=$

47 $96-20=$

48 $98-40=$

(몇십몇)−(몇십몇)

이렇게
계산해요

68−33의 계산

$8-3=5$ $6-3=3$

● 계산해 보세요.

1

	2	5
−	1	1

5

	4	3
−	2	2

2

	2	9
−	1	3

6

	4	7
−	1	3

3

	3	2
−	1	2

7

	5	2
−	1	1

4

	3	6
−	2	5

8

	5	5
−	3	4

2

9
```
    5  8
-   2  7
```

15
```
    8  3
-   3  2
```

10
```
    6  2
-   2  1
```

16
```
    8  5
-   1  2
```

11
```
    6  6
-   3  2
```

17
```
    8  8
-   4  3
```

12
```
    7  1
-   4  1
```

18
```
    9  2
-   5  1
```

13
```
    7  4
-   6  2
```

19
```
    9  6
-   2  4
```

14
```
    7  7
-   3  4
```

20
```
    9  9
-   5  8
```

21
```
    2   3
 -  1   3
 _____
```

22
```
    2   8
 -  1   2
 _____
```

23
```
    3   4
 -  1   1
 _____
```

24
```
    3   5
 -  2   4
 _____
```

25
```
    3   7
 -  1   5
 _____
```

26
```
    4   1
 -  2   1
 _____
```

27
```
    4   6
 -  3   3
 _____
```

28
```
    4   9
 -  1   7
 _____
```

29
```
    5   3
 -  3   1
 _____
```

30
```
    5   4
 -  2   1
 _____
```

31
```
    5   6
 -  1   3
 _____
```

32
```
    5   7
 -  4   6
 _____
```

33 63-21=

41 82-41=

34 65-33=

42 84-52=

35 67-11=

43 86-21=

36 69-45=

44 89-33=

37 72-31=

45 93-12=

38 76-23=

46 95-42=

39 78-62=

47 97-23=

40 79-14=

48 98-61=

더 연산 뺄셈

● 계산해 보세요.

1
```
    1 4
 -    1
───────
```

2
```
    2 0
 -  1 0
───────
```

3
```
    2 3
 -  1 0
───────
```

4
```
    2 6
 -  1 2
───────
```

5
```
    3 5
 -  1 0
───────
```

6
```
    3 8
 -  2 3
───────
```

7
```
    4 0
 -  2 0
───────
```

8
```
    4 7
 -    5
───────
```

9
```
    4 9
 -  3 0
───────
```

10
```
    5 0
 -  1 0
───────
```

2

11 $54-2=$

12 $57-23=$

13 $60-40=$

14 $64-20=$

15 $69-3=$

16 $70-20=$

17 $75-11=$

18 $77-30=$

19 $80-30=$

20 $82-1=$

21 $85-34=$

22 $91-50=$

23 $95-4=$

24 $98-25=$

>> 다른 그림 8곳을 찾아보세요.

여러 가지
뺄셈

DAY **10** ➕ **세 수의 뺄셈**

DAY **11** ➕ **10에서 빼기**

DAY **12** ➕ **10을 이용하여 가르기**

DAY **13** ➕ **(십몇)−(몇)**
: 받아내림이 있는 경우

DAY **14** ➕ **평가**

다른 그림 찾기

세 수의 뺄셈

7-2-1의 계산

방법 1 옆으로 계산하기

$$7 - 2 - 1 = 4$$

5

4

앞의 두 수의
뺄셈을
먼저 해요.

빨셈하여 나온 수에서
나머지 한 수를 빼요.

방법 2 식을 2개로 나누어 계산하기

$$\begin{array}{r} 7 \\ -\ 2 \\ \hline 5 \end{array} \qquad \begin{array}{r} 5 \\ -\ 1 \\ \hline 4 \end{array}$$

● 계산해 보세요.

1　$3 - 1 - 1 = \square$

5　$6 - 1 - 2 = \square$

2　$4 - 2 - 1 = \square$

6　$6 - 2 - 2 = \square$

3　$5 - 1 - 1 = \square$

7　$6 - 4 - 1 = \square$

4　$5 - 3 - 1 = \square$

8　$7 - 1 - 3 = \square$

09 7-3-1=□
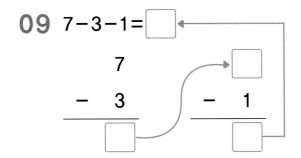

10 7-3-3=□
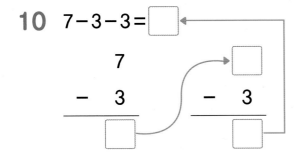

11 8-1-1=□
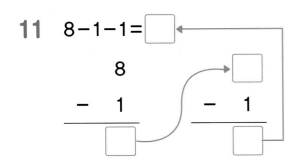

12 8-2-3=□
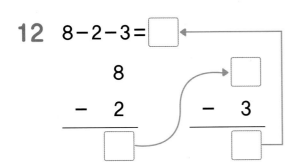

13 8-3-4=□

14 8-4-1=□
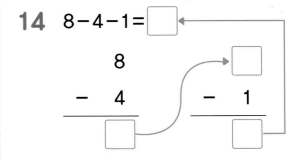

15 9-1-5=□
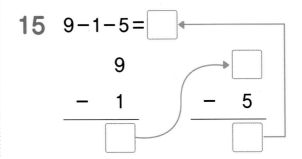

16 9-2-1=□
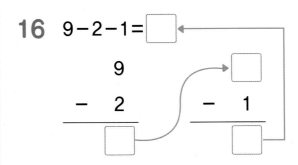

17 9-3-4=□

18 9-5-2=□

3. 여러 가지 뺄셈 · **47**

19 3-1-1=

20 4-1-1=

21 5-2-1=

22 5-2-2=

23 6-1-1=

24 6-1-3=

25 6-2-3=

26 6-3-2=

27 7-1-1=

28 7-1-4=

29 7-2-2=

30 7-4-2=

31 7-5-1=

32 8-1-3=

33 8-1-6=

34 8-2-1=

35 $8-2-2=$

36 $8-2-5=$

37 $8-3-3=$

38 $8-4-2=$

39 $8-5-1=$

40 $9-1-1=$

41 $9-1-6=$

42 $9-2-4=$

43 $9-3-1=$

44 $9-3-2=$

45 $9-3-3=$

46 $9-4-1=$

47 $9-4-4=$

48 $9-5-3=$

49 $9-6-2=$

50 $9-7-1=$

10에서 빼기

🍌🍌🍌🍌🍌🍌🍌🍌🍌🍌 10-1=9   🍌🍌🍌🍌🍌🍌🍌🍌🍌🍌 10-6=4

🍌🍌🍌🍌🍌🍌🍌🍌🍌🍌 10-2=8   🍌🍌🍌🍌🍌🍌🍌🍌🍌🍌 10-7=3

🍌🍌🍌🍌🍌🍌🍌🍌🍌🍌 10-3=7   🍌🍌🍌🍌🍌🍌🍌🍌🍌🍌 10-8=2

🍌🍌🍌🍌🍌🍌🍌🍌🍌🍌 10-4=6   🍌🍌🍌🍌🍌🍌🍌🍌🍌🍌 10-9=1

🍌🍌🍌🍌🍌🍌🍌🍌🍌🍌 10-5=5

● 그림을 보고 ☐ 안에 알맞은 수를 써넣으세요.

1

$10-1=$ ☐

4

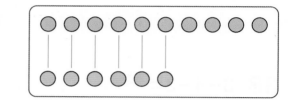

$10-6=$ ☐

2

$10-2=$ ☐

5

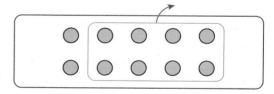

$10-8=$ ☐

3

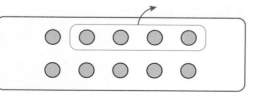

$10-4=$ ☐

6

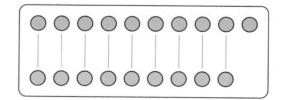

$10-9=$ ☐

7

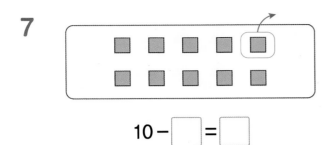

$10 - \boxed{} = \boxed{}$

8

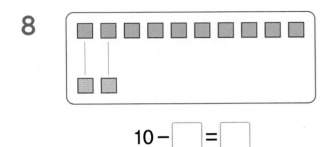

$10 - \boxed{} = \boxed{}$

9

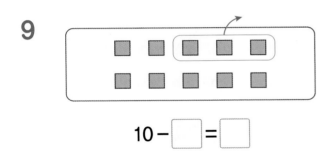

$10 - \boxed{} = \boxed{}$

10

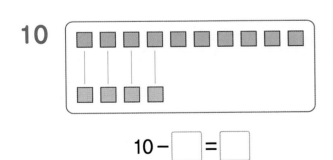

$10 - \boxed{} = \boxed{}$

11

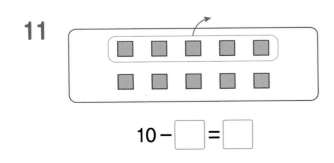

$10 - \boxed{} = \boxed{}$

12

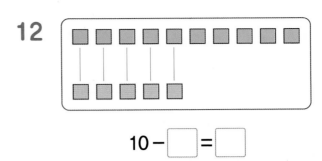

$10 - \boxed{} = \boxed{}$

13

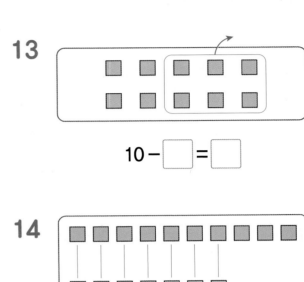

$10 - \boxed{} = \boxed{}$

14

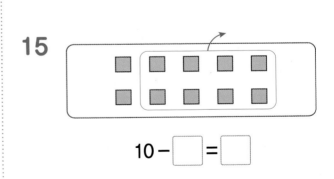

$10 - \boxed{} = \boxed{}$

15

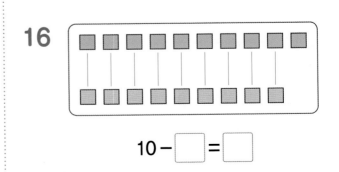

$10 - \boxed{} = \boxed{}$

16

$10 - \boxed{} = \boxed{}$

3

17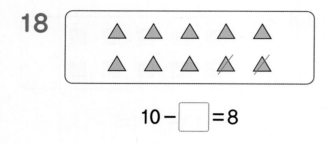

$10 - \boxed{} = 9$

18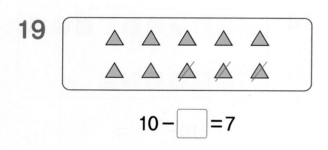

$10 - \boxed{} = 8$

19

$10 - \boxed{} = 7$

20

$10 - \boxed{} = 6$

21

$10 - \boxed{} = 5$

22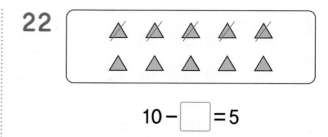

$10 - \boxed{} = 5$

23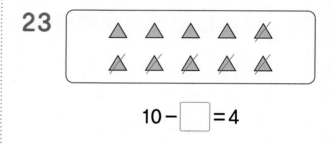

$10 - \boxed{} = 4$

24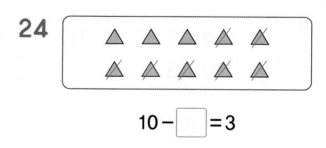

$10 - \boxed{} = 3$

25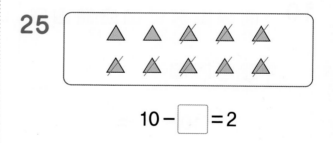

$10 - \boxed{} = 2$

26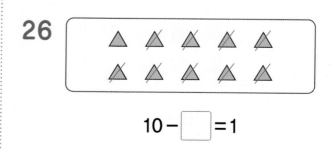

$10 - \boxed{} = 1$

● ☐ 안에 알맞은 수를 써넣으세요.

27 $10-1=$ ☐

28 $10-3=$ ☐

29 $10-4=$ ☐

30 $10-5=$ ☐

31 $10-7=$ ☐

32 $10-8=$ ☐

33 $10-9=$ ☐

34 $10-$ ☐ $=2$

35 $10-$ ☐ $=3$

36 $10-$ ☐ $=4$

37 $10-$ ☐ $=6$

38 $10-$ ☐ $=7$

39 $10-$ ☐ $=8$

40 $10-$ ☐ $=9$

10을 이용하여 가르기

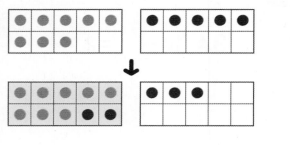

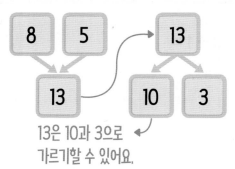

13은 10과 3으로
가르기할 수 있어요.

● 10을 이용하여 가르기를 해 보세요.

1

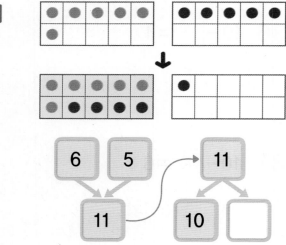

2

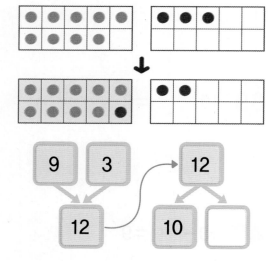

3

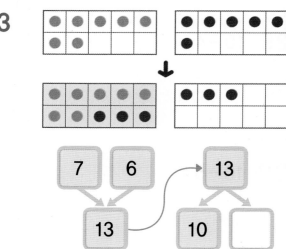

4

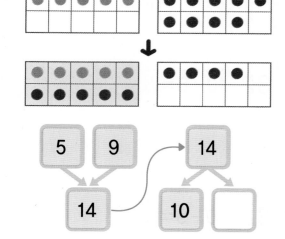

5

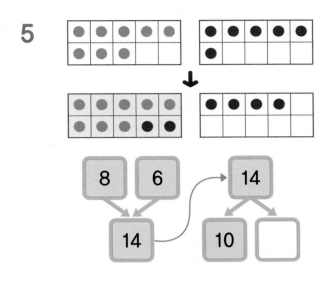

8

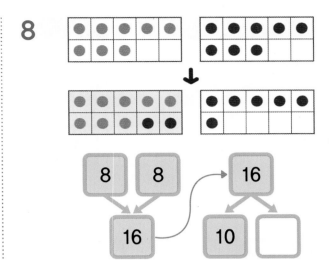

6

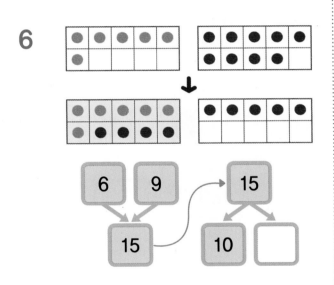

9

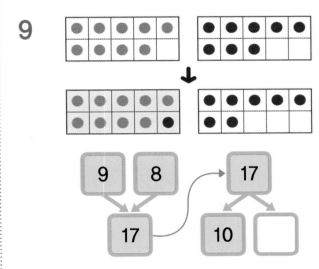

7

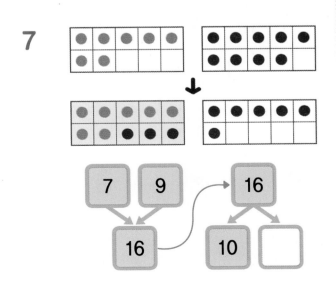

10

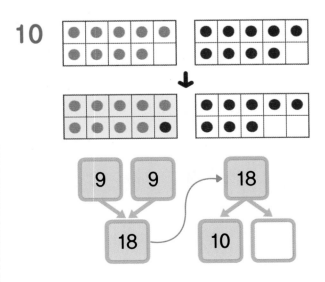

11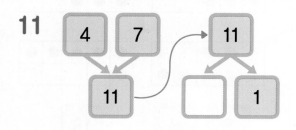

12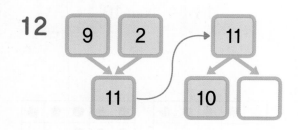

13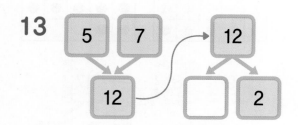

14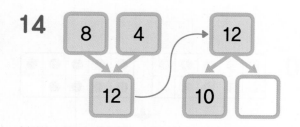

15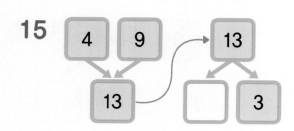

16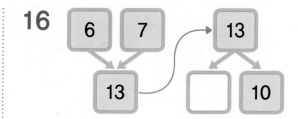

17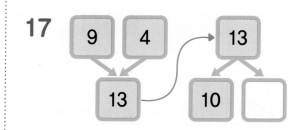

18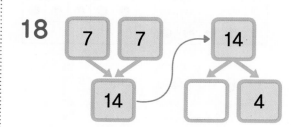

19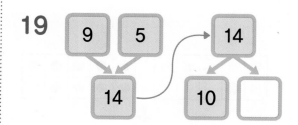

20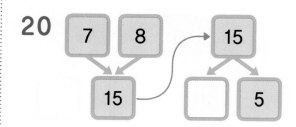

21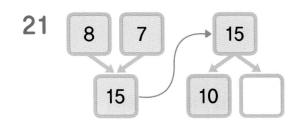

22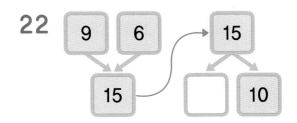

23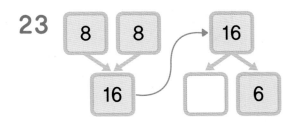

24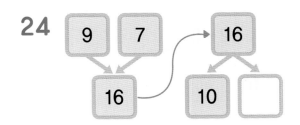

25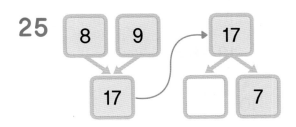

26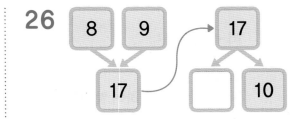

27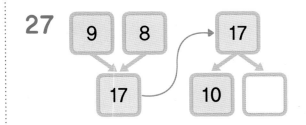

28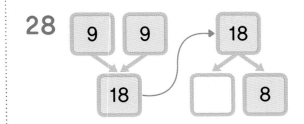

29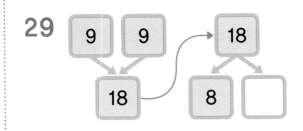

30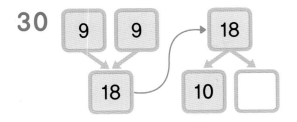

3

(십몇)−(몇)

: 받아내림이 있는 경우

이렇게
계산해요

14−5의 계산

방법 1

뒤의 수를 가르기하여 뺄셈하기

$$14-5=9$$

4   1

5를 4와 1로
가르기하여
14에서 4를
먼저 빼고,
1을 더 빼요.

방법 2

앞의 수를 가르기하여 뺄셈하기

$$14-5=9$$

10   4

14를 10과 4로
가르기하여
10에서 5를
먼저 빼고,
남은 5와 4를 더해요.

● 계산해 보세요.

1 $11-3=\boxed{}$

1   $\boxed{}$

2 $11-6=\boxed{}$

1   $\boxed{}$

3 $11-7=\boxed{}$

1   $\boxed{}$

4 $12-5=\boxed{}$

10   $\boxed{}$

5 $12-8=\boxed{}$

10   $\boxed{}$

6 $13-6=\boxed{}$

10   $\boxed{}$

7 $13 - 9 =$ ☐

3   ☐

8 $14 - 6 =$ ☐

4   ☐

9 $14 - 7 =$ ☐

4   ☐

10 $15 - 7 =$ ☐

5   ☐

11 $15 - 8 =$ ☐

5   ☐

12 $16 - 8 =$ ☐

10   ☐

13 $16 - 9 =$ ☐

10   ☐

14 $17 - 8 =$ ☐

10   ☐

15 $17 - 9 =$ ☐

10   ☐

16 $18 - 9 =$ ☐

10   ☐

17 11−2=

18 11−4=

19 11−5=

20 11−8=

21 11−9=

22 12−3=

23 12−4=

24 12−6=

25 12−7=

26 12−9=

27 13−4=

28 13−5=

29 13−7=

30 13−8=

31 14−5=

38 15−9=

32 14−7=

39 16−7=

33 14−8=

40 16−8=

34 14−9=

41 16−9=

35 15−6=

42 17−8=

36 15−7=

43 17−9=

37 15−8=

44 18−9=

●가르기를 해 보세요.

1
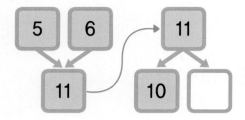

2
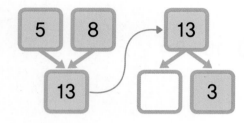

3
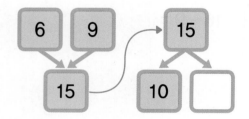

4
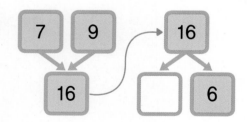

5
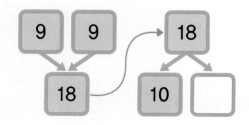

●계산해 보세요.

6 $3-1-1=$

7 $4-2-1=$

8 $5-2-2=$

9 $6-3-1=$

10 $7-2-3=$

11 $8-1-5=$

12 $9-2-5=$

13　$10-2=$

14　$10-3=$

15　$10-5=$

16　$10-6=$

17　$10-7=$

18　$10-8=$

19　$10-9=$

20　$12-4=$

21　$13-6=$

22　$14-8=$

23　$15-8=$

24　$16-7=$

25　$17-8=$

26　$18-9=$

>> 다른 그림 8곳을 찾아보세요.

받아내림이 있는 뺄셈

DAY **15** ✦ (두 자리 수)-(한 자리 수)

DAY **16** ✦ (몇십)-(몇십몇)

DAY **17** ✦ (두 자리 수)-(두 자리 수)

DAY **18** ✦ 여러 가지 방법으로 뺄셈하기

DAY **19** ✦ 세 수의 뺄셈

DAY **20**✦ 평가

다른 그림 찾기

(두 자리 수)-(한 자리 수)

이렇게
계산해요

33-5의 계산

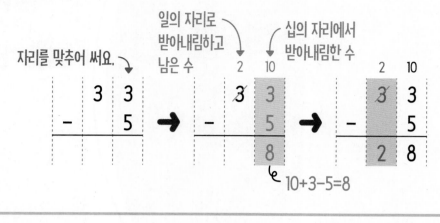

자리를 맞추어 써요.

일의 자리로
받아내림하고
남은 수

십의 자리에서
받아내림한 수

10+3-5=8

● 계산해 보세요.

1

	2	3
−		8

5

	4	2
−		7

2

	2	7
−		9

6

	4	4
−		7

3

	3	1
−		4

7

	4	8
−		9

4

	3	5
−		6

8

	5	1
−		6

9

	5	7
−		9

15

	8	1
−		7

10

	6	2
−		6

16

	8	5
−		6

11

	6	4
−		8

17

	8	7
−		9

12

	6	8
−		9

18

	9	2
−		9

13

	7	3
−		9

19

	9	4
−		7

14

	7	6
−		8

20

	9	7
−		8

21
$$\begin{array}{r} 2\ 1 \\ -\quad 6 \\ \hline \end{array}$$

27
$$\begin{array}{r} 3\ 7 \\ -\quad 9 \\ \hline \end{array}$$

22
$$\begin{array}{r} 2\ 4 \\ -\quad 7 \\ \hline \end{array}$$

28
$$\begin{array}{r} 3\ 8 \\ -\quad 9 \\ \hline \end{array}$$

23
$$\begin{array}{r} 2\ 5 \\ -\quad 9 \\ \hline \end{array}$$

29
$$\begin{array}{r} 4\ 3 \\ -\quad 9 \\ \hline \end{array}$$

24
$$\begin{array}{r} 2\ 8 \\ -\quad 9 \\ \hline \end{array}$$

30
$$\begin{array}{r} 4\ 5 \\ -\quad 7 \\ \hline \end{array}$$

25
$$\begin{array}{r} 3\ 2 \\ -\quad 9 \\ \hline \end{array}$$

31
$$\begin{array}{r} 4\ 6 \\ -\quad 8 \\ \hline \end{array}$$

26
$$\begin{array}{r} 3\ 6 \\ -\quad 8 \\ \hline \end{array}$$

32
$$\begin{array}{r} 5\ 2 \\ -\quad 9 \\ \hline \end{array}$$

33 54−7=

34 55−8=

35 56−7=

36 61−9=

37 63−7=

38 67−8=

39 72−4=

40 74−6=

41 75−9=

42 77−8=

43 83−6=

44 86−7=

45 88−9=

46 91−9=

47 95−7=

48 98−9=

4

이렇게
계산해요

40-17의 계산

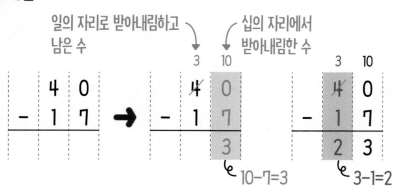

일의 자리로 받아내림하고
남은 수

십의 자리에서
받아내림한 수

10-7=3   3-1=2

● 계산해 보세요.

1

	2	0
−	1	4

2

	3	0
−	1	2

3

	3	0
−	2	5

4

	4	0
−	1	3

5

	4	0
−	2	8

6

	5	0
−	1	9

7

	5	0
−	2	4

8

	5	0
−	3	6

9

$$\begin{array}{r} 6\;0 \\ -\;2\;5 \\ \hline \end{array}$$

10

$$\begin{array}{r} 6\;0 \\ -\;3\;2 \\ \hline \end{array}$$

11

$$\begin{array}{r} 6\;0 \\ -\;4\;7 \\ \hline \end{array}$$

12

$$\begin{array}{r} 7\;0 \\ -\;1\;8 \\ \hline \end{array}$$

13

$$\begin{array}{r} 7\;0 \\ -\;4\;3 \\ \hline \end{array}$$

14

$$\begin{array}{r} 7\;0 \\ -\;6\;6 \\ \hline \end{array}$$

15

$$\begin{array}{r} 8\;0 \\ -\;3\;4 \\ \hline \end{array}$$

16

$$\begin{array}{r} 8\;0 \\ -\;4\;8 \\ \hline \end{array}$$

17

$$\begin{array}{r} 8\;0 \\ -\;6\;3 \\ \hline \end{array}$$

18

$$\begin{array}{r} 9\;0 \\ -\;2\;2 \\ \hline \end{array}$$

19

$$\begin{array}{r} 9\;0 \\ -\;5\;9 \\ \hline \end{array}$$

20

$$\begin{array}{r} 9\;0 \\ -\;7\;7 \\ \hline \end{array}$$

21
```
    2  0
-   1  1
─────────
```

27
```
    4  0
-   2  4
─────────
```

22
```
    3  0
-   1  5
─────────
```

28
```
    4  0
-   2  9
─────────
```

23
```
    3  0
-   1  6
─────────
```

29
```
    5  0
-   1  3
─────────
```

24
```
    3  0
-   2  3
─────────
```

30
```
    5  0
-   2  7
─────────
```

25
```
    4  0
-   1  2
─────────
```

31
```
    5  0
-   3  8
─────────
```

26
```
    4  0
-   1  8
─────────
```

32
```
    5  0
-   4  2
─────────
```

33 $60-17=$

34 $60-24=$

35 $60-33=$

36 $60-48=$

37 $70-22=$

38 $70-39=$

39 $70-45=$

40 $70-51=$

41 $80-18=$

42 $80-26=$

43 $80-54=$

44 $80-73=$

45 $90-19=$

46 $90-38=$

47 $90-42=$

48 $90-66=$

(두 자리 수)-(두 자리 수)

이렇게
계산해요

54-26의 계산

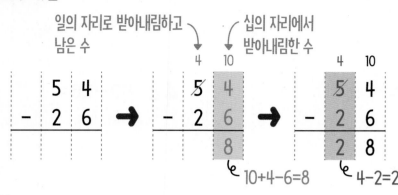

일의 자리로 받아내림하고 남은 수

십의 자리에서 받아내림한 수

10+4-6=8

4-2=2

● 계산해 보세요.

1

```
    2  3
 -  1  7
```

5

```
    4  4
 -  2  7
```

2

```
    3  5
 -  1  6
```

6

```
    4  8
 -  1  9
```

3

```
    3  7
 -  1  9
```

7

```
    5  2
 -  2  8
```

4

```
    4  1
 -  1  9
```

8

```
    5  6
 -  3  8
```

9
$$\begin{array}{r} 6\ 3 \\ -\ 1\ 6 \\ \hline \end{array}$$

15
$$\begin{array}{r} 8\ 2 \\ -\ 2\ 9 \\ \hline \end{array}$$

10
$$\begin{array}{r} 6\ 5 \\ -\ 3\ 7 \\ \hline \end{array}$$

16
$$\begin{array}{r} 8\ 4 \\ -\ 4\ 6 \\ \hline \end{array}$$

11
$$\begin{array}{r} 6\ 8 \\ -\ 4\ 9 \\ \hline \end{array}$$

17
$$\begin{array}{r} 8\ 6 \\ -\ 6\ 9 \\ \hline \end{array}$$

12
$$\begin{array}{r} 7\ 1 \\ -\ 2\ 8 \\ \hline \end{array}$$

18
$$\begin{array}{r} 9\ 3 \\ -\ 3\ 8 \\ \hline \end{array}$$

13
$$\begin{array}{r} 7\ 4 \\ -\ 4\ 9 \\ \hline \end{array}$$

19
$$\begin{array}{r} 9\ 4 \\ -\ 6\ 7 \\ \hline \end{array}$$

14
$$\begin{array}{r} 7\ 7 \\ -\ 5\ 8 \\ \hline \end{array}$$

20
$$\begin{array}{r} 9\ 8 \\ -\ 7\ 9 \\ \hline \end{array}$$

21

```
    2   6
-   1   9
─────────
```

22

```
    3   2
-   1   9
─────────
```

23

```
    3   3
-   1   7
─────────
```

24

```
    3   6
-   1   9
─────────
```

25

```
    3   8
-   2   9
─────────
```

26

```
    4   2
-   1   6
─────────
```

27

```
    4   5
-   1   7
─────────
```

28

```
    4   7
-   2   8
─────────
```

29

```
    5   1
-   1   9
─────────
```

30

```
    5   3
-   2   8
─────────
```

31

```
    5   5
-   3   7
─────────
```

32

```
    5   8
-   4   9
─────────
```

33 $62-19=$

34 $65-29=$

35 $66-39=$

36 $67-48=$

37 $73-27=$

38 $75-36=$

39 $76-49=$

40 $78-59=$

41 $81-29=$

42 $83-39=$

43 $85-46=$

44 $87-59=$

45 $92-16=$

46 $95-37=$

47 $96-59=$

48 $97-78=$

4

여러 가지 방법으로 뺄셈하기

45−17의 계산

방법 1

$$45 - 17$$
$$40 \quad 5$$

$45-17=40-17+5$
$\qquad =23+5$
$\qquad =28$

방법 2

$$45 - 17$$
$$10 \quad 7$$

$45-17=45-10-7$
$\qquad =35-7$
$\qquad =28$

방법 3

$$45 - 17$$
$$15 \quad 2$$

$45-17=45-15-2$
$\qquad =30-2$
$\qquad =28$

● ☐ 안에 알맞은 수를 써넣으세요.

1

$$33 - 16$$
$$30 \quad 3$$

$33-16=30-16+\boxed{}$
$\qquad =14+\boxed{}$
$\qquad =\boxed{}$

3

$$64 - 38$$
$$60 \quad 4$$

$64-38=60-38+\boxed{}$
$\qquad =22+\boxed{}$
$\qquad =\boxed{}$

2

$$42 - 29$$
$$40 \quad 2$$

$42-29=40-29+\boxed{}$
$\qquad =11+\boxed{}$
$\qquad =\boxed{}$

4

$$86 - 49$$
$$80 \quad 6$$

$86-49=80-49+\boxed{}$
$\qquad =31+\boxed{}$
$\qquad =\boxed{}$

5

$$31 - 15$$
10 5

$$31 - 15 = 31 - 10 - \boxed{}$$
$$= 21 - \boxed{}$$
$$= \boxed{}$$

6

$$46 - 29$$
20 9

$$46 - 29 = 46 - 20 - \boxed{}$$
$$= 26 - \boxed{}$$
$$= \boxed{}$$

7

$$53 - 37$$
30 7

$$53 - 37 = 53 - 30 - \boxed{}$$
$$= 23 - \boxed{}$$
$$= \boxed{}$$

8

$$75 - 28$$
20 8

$$75 - 28 = 75 - 20 - \boxed{}$$
$$= 55 - \boxed{}$$
$$= \boxed{}$$

9

$$41 - 23$$
21 2

$$41 - 23 = 41 - 21 - \boxed{}$$
$$= 20 - \boxed{}$$
$$= \boxed{}$$

10

$$55 - 19$$
15 4

$$55 - 19 = 55 - 15 - \boxed{}$$
$$= 40 - \boxed{}$$
$$= \boxed{}$$

11

$$62 - 35$$
32 3

$$62 - 35 = 62 - 32 - \boxed{}$$
$$= 30 - \boxed{}$$
$$= \boxed{}$$

12

$$87 - 49$$
47 2

$$87 - 49 = 87 - 47 - \boxed{}$$
$$= 40 - \boxed{}$$
$$= \boxed{}$$

4

13 $35 - 19 = \boxed{} - 19 + 5$

$ = \boxed{} + 5$

$ = \boxed{}$

14 $41 - 13 = \boxed{} - 13 + 1$

$ = \boxed{} + 1$

$ = \boxed{}$

15 $54 - 25 = \boxed{} - 25 + 4$

$ = \boxed{} + 4$

$ = \boxed{}$

16 $57 - 38 = \boxed{} - 38 + 7$

$ = \boxed{} + 7$

$ = \boxed{}$

17 $63 - 26 = \boxed{} - 26 + 3$

$ = \boxed{} + 3$

$ = \boxed{}$

18 $72 - 47 = \boxed{} - 47 + 2$

$ = \boxed{} + 2$

$ = \boxed{}$

19 $84 - 49 = \boxed{} - 49 + 4$

$ = \boxed{} + 4$

$ = \boxed{}$

20 $96 - 58 = \boxed{} - 58 + 6$

$ = \boxed{} + 6$

$ = \boxed{}$

21 $33 - 18 = 33 - \boxed{} - 8$

$ = \boxed{} - 8$

$ = \boxed{}$

22 $45 - 27 = 45 - \boxed{} - 7$

$ = \boxed{} - 7$

$ = \boxed{}$

4

23 $57-19=57-\boxed{}-9$
$=\boxed{}-9$
$=\boxed{}$

24 $64-35=64-\boxed{}-5$
$=\boxed{}-5$
$=\boxed{}$

25 $76-57=76-\boxed{}-7$
$=\boxed{}-7$
$=\boxed{}$

26 $88-29=88-\boxed{}-9$
$=\boxed{}-9$
$=\boxed{}$

27 $92-46=92-\boxed{}-6$
$=\boxed{}-6$
$=\boxed{}$

28 $36-19=36-\boxed{}-3$
$=\boxed{}-3$
$=\boxed{}$

29 $47-18=47-\boxed{}-1$
$=\boxed{}-1$
$=\boxed{}$

30 $53-35=53-\boxed{}-2$
$=\boxed{}-2$
$=\boxed{}$

31 $74-26=74-\boxed{}-2$
$=\boxed{}-2$
$=\boxed{}$

32 $95-39=95-\boxed{}-4$
$=\boxed{}-4$
$=\boxed{}$

세 수의 뺄셈

62-17-28의 계산

방법 1 옆으로 계산하기

$$62-17-28=17$$

45

17

앞의 두 수의
뺄셈을
먼저 해요.

뺄셈하여 나온 수에서
나머지 한 수를 빼요.

방법 2 식을 2개로 나누어 계산하기

$$\begin{array}{r} 6\ 2 \\ -\ 1\ 7 \\ \hline 4\ 5 \end{array}$$ $$\begin{array}{r} 4\ 5 \\ -\ 2\ 8 \\ \hline 1\ 7 \end{array}$$

● 계산해 보세요.

1   31 − 16 − 8 = ☐
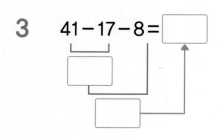

2   36 − 9 − 11 = ☐
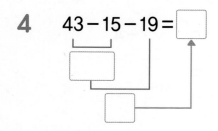

3   41 − 17 − 8 = ☐

4   43 − 15 − 19 = ☐

5   49 − 12 − 18 = ☐
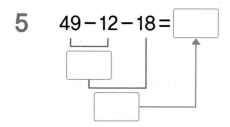

6   52 − 16 − 27 = ☐
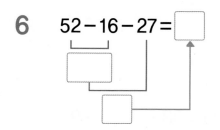

7   55 − 8 − 28 = ☐
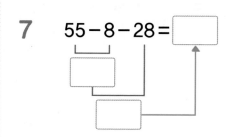

8   57 − 9 − 25 = ☐
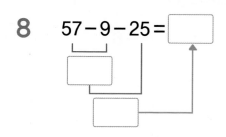

9 60−23−18= ▢

$$\begin{array}{r} 6\ 0 \\ -\ 2\ 3 \\ \hline \end{array}$$

$$\begin{array}{r} \\ -\ 1\ 8 \\ \hline \end{array}$$

14 84−17−29= ▢

$$\begin{array}{r} 8\ 4 \\ -\ 1\ 7 \\ \hline \end{array}$$

$$\begin{array}{r} \\ -\ 2\ 9 \\ \hline \end{array}$$

10 67−9−31= ▢

$$\begin{array}{r} 6\ 7 \\ -\ \ \ 9 \\ \hline \end{array}$$

$$\begin{array}{r} \\ -\ 3\ 1 \\ \hline \end{array}$$

15 87−31−38= ▢

$$\begin{array}{r} 8\ 7 \\ -\ 3\ 1 \\ \hline \end{array}$$

$$\begin{array}{r} \\ -\ 3\ 8 \\ \hline \end{array}$$

11 71−35−19= ▢

$$\begin{array}{r} 7\ 1 \\ -\ 3\ 5 \\ \hline \end{array}$$

$$\begin{array}{r} \\ -\ 1\ 9 \\ \hline \end{array}$$

16 93−49−14= ▢

$$\begin{array}{r} 9\ 3 \\ -\ 4\ 9 \\ \hline \end{array}$$

$$\begin{array}{r} \\ -\ 1\ 4 \\ \hline \end{array}$$

12 74−8−47= ▢

$$\begin{array}{r} 7\ 4 \\ -\ \ \ 8 \\ \hline \end{array}$$

$$\begin{array}{r} \\ -\ 4\ 7 \\ \hline \end{array}$$

17 95−8−69= ▢

$$\begin{array}{r} 9\ 5 \\ -\ \ \ 8 \\ \hline \end{array}$$

$$\begin{array}{r} \\ -\ 6\ 9 \\ \hline \end{array}$$

13 82−29−5= ▢

$$\begin{array}{r} 8\ 2 \\ -\ 2\ 9 \\ \hline \end{array}$$

$$\begin{array}{r} \\ -\ \ \ 5 \\ \hline \end{array}$$

18 96−39−28= ▢

$$\begin{array}{r} 9\ 6 \\ -\ 3\ 9 \\ \hline \end{array}$$

$$\begin{array}{r} \\ -\ 2\ 8 \\ \hline \end{array}$$

4

19 $32-18-5=$

20 $33-7-22=$

21 $37-9-13=$

22 $38-9-11=$

23 $41-10-17=$

24 $42-8-21=$

25 $45-7-19=$

26 $48-29-6=$

27 $50-14-18=$

28 $51-27-6=$

29 $56-21-19=$

30 $59-38-15=$

31 $60-11-37=$

32 $63-36-4=$

33 $64-19-17=$

34 $65-28-8=$

35 $68-19-26=$

36 $70-7-35=$

37 $72-24-19=$

38 $76-42-28=$

39 $77-39-19=$

40 $78-7-34=$

41 $81-33-16=$

42 $83-25-29=$

43 $85-17-21=$

44 $86-8-39=$

45 $88-26-46=$

46 $90-45-19=$

47 $92-18-25=$

48 $94-37-28=$

49 $95-9-58=$

50 $97-24-26=$

4

● ☐ 안에 알맞은 수를 써넣으세요.

1 $32 - 15 = \boxed{} - 15 + 2$

$ = \boxed{} + 2$

$ = \boxed{}$

2 $45 - 28 = 45 - \boxed{} - 8$

$ = \boxed{} - 8$

$ = \boxed{}$

3 $61 - 15 = 61 - \boxed{} - 4$

$ = \boxed{} - 4$

$ = \boxed{}$

4 $73 - 47 = 73 - \boxed{} - 7$

$ = \boxed{} - 7$

$ = \boxed{}$

5 $86 - 37 = \boxed{} - 37 + 6$

$ = \boxed{} + 6$

$ = \boxed{}$

● 계산해 보세요.

6
$$\begin{array}{r} 2\ 1 \\ -\quad 7 \\ \hline \end{array}$$

7
$$\begin{array}{r} 2\ 5 \\ -\ 1\ 6 \\ \hline \end{array}$$

8
$$\begin{array}{r} 3\ 0 \\ -\ 1\ 1 \\ \hline \end{array}$$

9
$$\begin{array}{r} 3\ 6 \\ -\quad 9 \\ \hline \end{array}$$

10
$$\begin{array}{r} 4\ 0 \\ -\ 2\ 3 \\ \hline \end{array}$$

11 $43-17-8=$

18 $76-37-15=$

12 $50-22=$

19 $80-36=$

13 $57-19=$

20 $83-8-27=$

14 $62-5=$

21 $88-69=$

15 $65-29-18=$

22 $91-35-27=$

16 $70-41=$

23 $96-8=$

17 $71-33=$

24 $97-49=$

4

 ☆

>> 다른 그림 8곳을 찾아보세요.

덧셈과 뺄셈

DAY **21** ✦ **덧셈과 뺄셈의 관계**

DAY **22** ✦ **덧셈식에서 ▢의 값 구하기**

DAY **23** ✦ **뺄셈식에서 ▢의 값 구하기**

DAY **24** ✦ **세 수의 덧셈과 뺄셈**

DAY **25** ✦ **평가**

다른 그림 찾기

이렇게
계산해요

• 덧셈식을 뺄셈식으로 나타내기

15	26

41

$15+26=41$
$41-15=26$
$41-26=15$

• 뺄셈식을 덧셈식으로 나타내기

53

39	14

$53-39=14$
$14+39=53$
$39+14=53$

● 덧셈식을 뺄셈식으로, 뺄셈식을 덧셈식으로 나타내어 보세요.

1 $15 + 7 = 22$

$22 - \boxed{} = \boxed{}$

$15 + 7 = 22$

$22 - \boxed{} = \boxed{}$

2 $33 + 29 = 62$

$62 - \boxed{} = \boxed{}$

$33 + 29 = 62$

$62 - \boxed{} = \boxed{}$

3 $58 + 36 = 94$

$94 - \boxed{} = \boxed{}$

$58 + 36 = 94$

$94 - \boxed{} = \boxed{}$

4   21 − 7 = 14

14 + ☐ = ☐

21 − 7 = 14

7 + ☐ = ☐

5   30 − 13 = 17

17 + ☐ = ☐

30 − 13 = 17

13 + ☐ = ☐

6   45 − 29 = 16

16 + ☐ = ☐

45 − 29 = 16

29 + ☐ = ☐

7   72 − 4 = 68

68 + ☐ = ☐

72 − 4 = 68

4 + ☐ = ☐

8   82 − 45 = 37

37 + ☐ = ☐

82 − 45 = 37

45 + ☐ = ☐

9 12+49=61

➡ ☐ − ☐ = ☐
  ☐ − ☐ = ☐

10 17+14=31

➡ ☐ − ☐ = ☐
  ☐ − ☐ = ☐

11 25+8=33

➡ ☐ − ☐ = ☐
  ☐ − ☐ = ☐

12 29+11=40

➡ ☐ − ☐ = ☐
  ☐ − ☐ = ☐

13 32+9=41

➡ ☐ − ☐ = ☐
  ☐ − ☐ = ☐

14 45+26=71

➡ ☐ − ☐ = ☐
  ☐ − ☐ = ☐

15 53+39=92

➡ ☐ − ☐ = ☐
  ☐ − ☐ = ☐

16 67+17=84

➡ ☐ − ☐ = ☐
  ☐ − ☐ = ☐

17 79+14=93

➡ ☐ − ☐ = ☐
  ☐ − ☐ = ☐

18 88+7=95

➡ ☐ − ☐ = ☐
  ☐ − ☐ = ☐

19 $20-14=6$

→ ☐ + ☐ = ☐
☐ + ☐ = ☐

20 $31-17=14$

→ ☐ + ☐ = ☐
☐ + ☐ = ☐

21 $33-8=25$

→ ☐ + ☐ = ☐
☐ + ☐ = ☐

22 $42-16=26$

→ ☐ + ☐ = ☐
☐ + ☐ = ☐

23 $55-38=17$

→ ☐ + ☐ = ☐
☐ + ☐ = ☐

24 $64-9=55$

→ ☐ + ☐ = ☐
☐ + ☐ = ☐

25 $70-21=49$

→ ☐ + ☐ = ☐
☐ + ☐ = ☐

26 $84-46=38$

→ ☐ + ☐ = ☐
☐ + ☐ = ☐

27 $91-5=86$

→ ☐ + ☐ = ☐
☐ + ☐ = ☐

28 $96-37=59$

→ ☐ + ☐ = ☐
☐ + ☐ = ☐

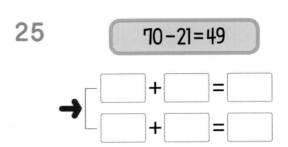

이렇게
계산해요

- 13+□=31에서 □의 값 구하기

13	□

31

$13+\square=31$

$31-13=\square$ ➡ $\square=18$

- □+27=55에서 □의 값 구하기

□	27

55

$\square+27=55$

$55-27=\square$ ➡ $\square=28$

●덧셈식에서 ●의 값을 구하려고 합니다. □안에 알맞은 수를 써넣으세요.

1 $16+● =45$

$45-\boxed{}=●$ ➡ $●=\boxed{}$

4 $63+● =80$

$80-\boxed{}=●$ ➡ $●=\boxed{}$

2 $47+● =75$

$75-\boxed{}=●$ ➡ $●=\boxed{}$

5 $79+● =91$

$91-\boxed{}=●$ ➡ $●=\boxed{}$

3 $58+● =74$

$74-\boxed{}=●$ ➡ $●=\boxed{}$

6 $84+● =92$

$92-\boxed{}=●$ ➡ $●=\boxed{}$

7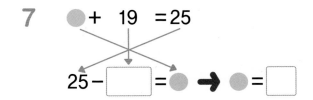
● + 19 = 25
25 − ☐ = ● ➡ ● = ☐

12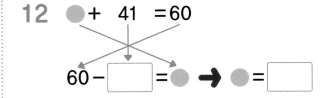
● + 41 = 60
60 − ☐ = ● ➡ ● = ☐

8
● + 22 = 61
61 − ☐ = ● ➡ ● = ☐

13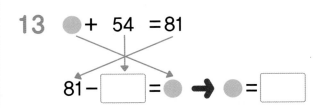
● + 54 = 81
81 − ☐ = ● ➡ ● = ☐

9
● + 26 = 80
80 − ☐ = ● ➡ ● = ☐

14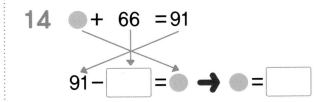
● + 66 = 91
91 − ☐ = ● ➡ ● = ☐

10
● + 37 = 64
64 − ☐ = ● ➡ ● = ☐

15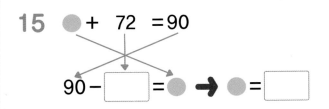
● + 72 = 90
90 − ☐ = ● ➡ ● = ☐

11
● + 38 = 41
41 − ☐ = ● ➡ ● = ☐

16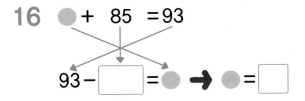
● + 85 = 93
93 − ☐ = ● ➡ ● = ☐

17 $8 + \boxed{} = 23$

18 $9 + \boxed{} = 36$

19 $13 + \boxed{} = 32$

20 $15 + \boxed{} = 60$

21 $22 + \boxed{} = 31$

22 $24 + \boxed{} = 51$

23 $26 + \boxed{} = 84$

24 $32 + \boxed{} = 41$

25 $35 + \boxed{} = 60$

26 $37 + \boxed{} = 74$

27 $41 + \boxed{} = 90$

28 $46 + \boxed{} = 54$

29 $59 + \boxed{} = 75$

30 $65 + \boxed{} = 92$

31 $78 + \boxed{} = 95$

32 $84 + \boxed{} = 91$

33 $\boxed{}+6=22$

34 $\boxed{}+13=32$

35 $\boxed{}+17=53$

36 $\boxed{}+18=25$

37 $\boxed{}+22=60$

38 $\boxed{}+25=41$

39 $\boxed{}+37=63$

40 $\boxed{}+43=92$

41 $\boxed{}+44=52$

42 $\boxed{}+48=66$

43 $\boxed{}+53=62$

44 $\boxed{}+55=93$

45 $\boxed{}+62=81$

46 $\boxed{}+66=90$

47 $\boxed{}+74=92$

48 $\boxed{}+89=94$

뺄셈식에서 □의 값 구하기

이렇게
계산해요

- □-16=45에서 □의 값 구하기

	□	
16	45	

$\square - 16 = 45$

$45 + 16 = \square$ ➡ $\square = 61$

- 32-□=17에서 □의 값 구하기

32		

	□	17

$32 - \square = 17$

$32 - 17 = \square$ ➡ $\square = 15$

● 뺄셈식에서 ●의 값을 구하려고 합니다. □ 안에 알맞은 수를 써넣으세요.

1 ● − 8 = 25

$25 + \boxed{} = ●$ ➡ ● = $\boxed{}$

2 ● − 27 = 56

$56 + \boxed{} = ●$ ➡ ● = $\boxed{}$

3 ● − 34 = 16

$16 + \boxed{} = ●$ ➡ ● = $\boxed{}$

4 ● − 49 = 24

$24 + \boxed{} = ●$ ➡ ● = $\boxed{}$

5 ● − 53 = 38

$38 + \boxed{} = ●$ ➡ ● = $\boxed{}$

6 ● − 75 = 7

$7 + \boxed{} = ●$ ➡ ● = $\boxed{}$

7   25 − ⬤ = 9
    ↓
    25 − [   ] = ⬤ ➡ ⬤ = [   ]

8   31 − ⬤ = 14
    ↓
    31 − [   ] = ⬤ ➡ ⬤ = [   ]

9   44 − ⬤ = 17
    ↓
    44 − [   ] = ⬤ ➡ ⬤ = [   ]

10 50 − ⬤ = 25
    ↓
    50 − [   ] = ⬤ ➡ ⬤ = [   ]

11 56 − ⬤ = 18
    ↓
    56 − [   ] = ⬤ ➡ ⬤ = [   ]

12 62 − ⬤ = 43
    ↓
    62 − [   ] = ⬤ ➡ ⬤ = [   ]

13 67 − ⬤ = 29
    ↓
    67 − [   ] = ⬤ ➡ ⬤ = [   ]

14 71 − ⬤ = 14
    ↓
    71 − [   ] = ⬤ ➡ ⬤ = [   ]

15 83 − ⬤ = 55
    ↓
    83 − [   ] = ⬤ ➡ ⬤ = [   ]

16 91 − ⬤ = 37
    ↓
    91 − [   ] = ⬤ ➡ ⬤ = [   ]

17 $\boxed{} - 6 = 38$

18 $\boxed{} - 7 = 43$

19 $\boxed{} - 12 = 19$

20 $\boxed{} - 15 = 29$

21 $\boxed{} - 18 = 55$

22 $\boxed{} - 22 = 18$

23 $\boxed{} - 29 = 52$

24 $\boxed{} - 33 = 19$

25 $\boxed{} - 37 = 34$

26 $\boxed{} - 44 = 18$

27 $\boxed{} - 49 = 23$

28 $\boxed{} - 52 = 29$

29 $\boxed{} - 56 = 14$

30 $\boxed{} - 65 = 17$

31 $\boxed{} - 66 = 18$

32 $\boxed{} - 77 = 16$

33 $20 - \boxed{} = 15$

34 $26 - \boxed{} = 9$

35 $31 - \boxed{} = 16$

36 $35 - \boxed{} = 16$

37 $44 - \boxed{} = 36$

38 $46 - \boxed{} = 18$

39 $51 - \boxed{} = 32$

40 $55 - \boxed{} = 19$

41 $61 - \boxed{} = 38$

42 $66 - \boxed{} = 8$

43 $70 - \boxed{} = 26$

44 $75 - \boxed{} = 58$

45 $83 - \boxed{} = 77$

46 $86 - \boxed{} = 49$

47 $90 - \boxed{} = 26$

48 $94 - \boxed{} = 76$

세 수의 덧셈과 뺄셈

이렇게
계산해요

● 36+15-23의 계산

방법 1 옆으로 계산하기

$$36 + 15 - 23 = 28$$

51

28

앞의 두 수를
먼저 더해요.

↳ 덧셈하여
나온 수에서
나머지 한 수를 빼요.

방법 2 식을 2개로 나누어 계산하기

```
   3 6        5 1
 + 1 5      - 2 3
   5 1        2 8
```

● 52-26+19의 계산

방법 1 옆으로 계산하기

$$52 - 26 + 19 = 45$$

26

45

앞의 두 수의
뺄셈을 먼저 해요.

↳ 뺄셈하여
나온 수에
나머지 한 수를 더해요.

방법 2 식을 2개로 나누어 계산하기

```
   5 2        2 6
 - 2 6      + 1 9
   2 6        4 5
```

● 계산해 보세요.

1   17+45-28 =

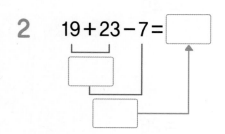

2   19+23-7 =

3   25+32-19 =

4   26-7+33 =

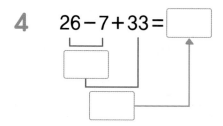

5   34-18+22 =

6   40-23+48 =

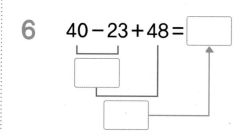

7 44+19-24 = ☐

$$
\begin{array}{r}
4\ 4 \\
+\ 1\ 9 \\
\hline
☐
\end{array}
$$

$$
\begin{array}{r}
☐ \\
-\ 2\ 4 \\
\hline
☐
\end{array}
$$

8 52+38-17 = ☐

$$
\begin{array}{r}
5\ 2 \\
+\ 3\ 8 \\
\hline
☐
\end{array}
$$

$$
\begin{array}{r}
☐ \\
-\ 1\ 7 \\
\hline
☐
\end{array}
$$

9 58+16-49 = ☐

$$
\begin{array}{r}
5\ 8 \\
+\ 1\ 6 \\
\hline
☐
\end{array}
$$

$$
\begin{array}{r}
☐ \\
-\ 4\ 9 \\
\hline
☐
\end{array}
$$

10 61+24-38 = ☐

$$
\begin{array}{r}
6\ 1 \\
+\ 2\ 4 \\
\hline
☐
\end{array}
$$

$$
\begin{array}{r}
☐ \\
-\ 3\ 8 \\
\hline
☐
\end{array}
$$

11 69+13-5 = ☐

$$
\begin{array}{r}
6\ 9 \\
+\ 1\ 3 \\
\hline
☐
\end{array}
$$

$$
\begin{array}{r}
☐ \\
-\ \ \ 5 \\
\hline
☐
\end{array}
$$

12 73-29+16 = ☐

$$
\begin{array}{r}
7\ 3 \\
-\ 2\ 9 \\
\hline
☐
\end{array}
$$

$$
\begin{array}{r}
☐ \\
+\ 1\ 6 \\
\hline
☐
\end{array}
$$

13 75-9+28 = ☐

$$
\begin{array}{r}
7\ 5 \\
-\ \ \ 9 \\
\hline
☐
\end{array}
$$

$$
\begin{array}{r}
☐ \\
+\ 2\ 8 \\
\hline
☐
\end{array}
$$

14 85-46+33 = ☐

$$
\begin{array}{r}
8\ 5 \\
-\ 4\ 6 \\
\hline
☐
\end{array}
$$

$$
\begin{array}{r}
☐ \\
+\ 3\ 3 \\
\hline
☐
\end{array}
$$

15 87-59+5 = ☐

$$
\begin{array}{r}
8\ 7 \\
-\ 5\ 9 \\
\hline
☐
\end{array}
$$

$$
\begin{array}{r}
☐ \\
+\ \ \ 5 \\
\hline
☐
\end{array}
$$

16 90-37+18 = ☐

$$
\begin{array}{r}
9\ 0 \\
-\ 3\ 7 \\
\hline
☐
\end{array}
$$

$$
\begin{array}{r}
☐ \\
+\ 1\ 8 \\
\hline
☐
\end{array}
$$

5

17 $11+29-13=$

18 $14+57-36=$

19 $15+48-7=$

20 $24+33-38=$

21 $26+56-19=$

22 $27+54-44=$

23 $32+9-15=$

24 $36+38-27=$

25 $43+19-21=$

26 $48+34-26=$

27 $52+29-11=$

28 $59+33-45=$

29 $63+15-39=$

30 $66+6-17=$

31 $74+18-54=$

32 $78+13-36=$

33 $24-16+35=$

34 $31-12+57=$

35 $38-9+24=$

36 $40-11+33=$

37 $45-27+46=$

38 $52-38+66=$

39 $55-9+37=$

40 $57-19+25=$

41 $63-27+8=$

42 $66-18+21=$

43 $70-23+17=$

44 $75-32+39=$

45 $81-56+15=$

46 $84-8+17=$

47 $92-33+24=$

48 $98-69+12=$

●덧셈식을 뺄셈식으로, 뺄셈식을 덧셈식으로 나타내어 보세요.

1 15+36=51

➡ ☐ − ☐ = ☐
☐ − ☐ = ☐

6 23−8=15

➡ ☐ + ☐ = ☐
☐ + ☐ = ☐

2 27+29=56

➡ ☐ − ☐ = ☐
☐ − ☐ = ☐

7 31−16=15

➡ ☐ + ☐ = ☐
☐ + ☐ = ☐

3 33+9=42

➡ ☐ − ☐ = ☐
☐ − ☐ = ☐

8 40−14=26

➡ ☐ + ☐ = ☐
☐ + ☐ = ☐

4 58+14=72

➡ ☐ − ☐ = ☐
☐ − ☐ = ☐

9 62−35=27

➡ ☐ + ☐ = ☐
☐ + ☐ = ☐

5 69+27=96

➡ ☐ − ☐ = ☐
☐ − ☐ = ☐

10 88−29=59

➡ ☐ + ☐ = ☐
☐ + ☐ = ☐

● ☐ 안에 알맞은 수를 써넣으세요.

11 $7 + \boxed{} = 43$

12 $\boxed{} - 18 = 32$

13 $\boxed{} + 22 = 51$

14 $35 - \boxed{} = 19$

15 $46 + \boxed{} = 80$

16 $\boxed{} - 52 = 39$

17 $\boxed{} + 66 = 84$

● 계산해 보세요.

18 $17 + 38 - 26 =$

19 $24 - 5 + 42 =$

20 $36 + 9 - 18 =$

21 $41 - 16 + 26 =$

22 $52 + 13 - 37 =$

23 $60 - 28 + 9 =$

24 $77 + 14 - 55 =$

>> 다른 그림 8곳을 찾아보세요.

세 자리 수의
뺄셈

DAY **26** ✚ (세 자리 수)−(세 자리 수)
: 받아내림이 없는 경우

DAY **27** ✚ (세 자리 수)−(세 자리 수)
: 받아내림이 한 번 있는 경우

DAY **28** ✚ (세 자리 수)−(세 자리 수)
: 받아내림이 두 번 있는 경우

DAY **29** ✚ 평가

다른 그림 찾기

이렇게 계산해요

453−121의 계산

자리를 맞추어 써요.

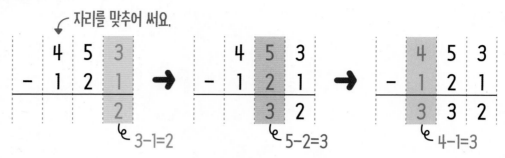

● 계산해 보세요.

1

	2	5	4
−	1	1	2

5

	4	4	6
−	1	0	5

2

	2	7	9
−	1	3	6

6

	4	9	2
−	2	5	1

3

	3	2	5
−	1	2	4

7

	5	1	3
−	2	0	1

4

	3	6	7
−	2	1	5

8

	5	8	4
−	3	3	2

6

9
```
    6  1  7
  - 1  1  4
```

15
```
    8  0  3
  - 2  0  1
```

10
```
    6  5  4
  - 3  4  1
```

16
```
    8  4  7
  - 5  1  3
```

11
```
    6  8  5
  - 2  2  3
```

17
```
    8  6  4
  - 4  2  1
```

12
```
    7  2  9
  - 2  0  5
```

18
```
    9  3  3
  - 4  1  2
```

13
```
    7  6  2
  - 3  3  1
```

19
```
    9  5  9
  - 6  1  7
```

14
```
    7  9  6
  - 5  1  4
```

20
```
    9  9  8
  - 2  3  5
```

21
```
    2  3  7
 -  1  1  2
_____
```

22
```
    2  6  5
 -  1  5  3
_____
```

23
```
    3  4  4
 -  1  0  3
_____
```

24
```
    3  7  6
 -  1  4  2
_____
```

25
```
    3  9  9
 -  2  7  1
_____
```

26
```
    4  2  2
 -  1  1  1
_____
```

27
```
    4  5  9
 -  3  2  6
_____
```

28
```
    4  8  5
 -  2  4  1
_____
```

29
```
    5  2  4
 -  3  1  3
_____
```

30
```
    5  5  6
 -  2  1  5
_____
```

31
```
    5  6  5
 -  1  4  3
_____
```

32
```
    5  9  6
 -  3  3  2
_____
```

33 607 − 405 =

34 633 − 123 =

35 666 − 352 =

36 689 − 226 =

37 714 − 302 =

38 745 − 621 =

39 757 − 124 =

40 778 − 232 =

41 823 − 502 =

42 834 − 112 =

43 856 − 615 =

44 881 − 260 =

45 917 − 315 =

46 944 − 603 =

47 961 − 421 =

48 978 − 532 =

6

DAY 27 (세 자리 수)-(세 자리 수)

: 받아내림이 한 번 있는 경우

이렇게 계산해요

563-217의 계산

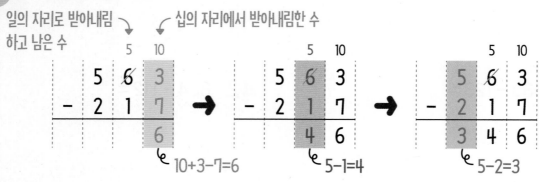

일의 자리로 받아내림하고 남은 수

십의 자리에서 받아내림한 수

10+3-7=6

5-1=4

5-2=3

● 계산해 보세요.

1

```
    2 3 1
  - 1 1 9
```

2

```
    2 5 4
  - 1 2 7
```

3

```
    3 6 3
  - 1 3 4
```

4

```
    3 9 5
  - 2 5 8
```

5

```
    4 4 0
  - 1 2 5
```

6

```
    4 7 2
  - 3 3 8
```

7

```
    5 5 6
  - 2 1 7
```

8

```
    5 8 3
  - 1 4 5
```

9
$$\begin{array}{r} 6\ 1\ 4 \\ -\ 2\ 5\ 1 \\ \hline \end{array}$$

10
$$\begin{array}{r} 6\ 4\ 5 \\ -\ 3\ 7\ 0 \\ \hline \end{array}$$

11
$$\begin{array}{r} 6\ 6\ 8 \\ -\ 1\ 9\ 4 \\ \hline \end{array}$$

12
$$\begin{array}{r} 7\ 2\ 9 \\ -\ 3\ 6\ 2 \\ \hline \end{array}$$

13
$$\begin{array}{r} 7\ 5\ 7 \\ -\ 1\ 9\ 3 \\ \hline \end{array}$$

14
$$\begin{array}{r} 7\ 7\ 2 \\ -\ 4\ 8\ 1 \\ \hline \end{array}$$

15
$$\begin{array}{r} 8\ 3\ 3 \\ -\ 1\ 5\ 2 \\ \hline \end{array}$$

16
$$\begin{array}{r} 8\ 6\ 7 \\ -\ 4\ 8\ 3 \\ \hline \end{array}$$

17
$$\begin{array}{r} 8\ 8\ 8 \\ -\ 3\ 9\ 1 \\ \hline \end{array}$$

18
$$\begin{array}{r} 9\ 4\ 6 \\ -\ 5\ 5\ 4 \\ \hline \end{array}$$

19
$$\begin{array}{r} 9\ 5\ 7 \\ -\ 2\ 6\ 5 \\ \hline \end{array}$$

20
$$\begin{array}{r} 9\ 6\ 3 \\ -\ 6\ 7\ 3 \\ \hline \end{array}$$

6

21
```
    2  5  0
 -  1  2  4
_____
```

22
```
    3  4  3
 -  1  2  8
_____
```

23
```
    3  7  6
 -  1  5  9
_____
```

24
```
    3  8  1
 -  1  4  7
_____
```

25
```
    4  2  2
 -  1  1  6
_____
```

26
```
    4  6  1
 -  2  2  6
_____
```

27
```
    4  8  4
 -  1  3  9
_____
```

28
```
    4  9  5
 -  2  6  7
_____
```

29
```
    5  2  1
 -  3  1  5
_____
```

30
```
    5  5  8
 -  1  1  9
_____
```

31
```
    5  7  6
 -  2  4  8
_____
```

32
```
    5  9  3
 -  2  5  6
_____
```

33 $638 - 142 =$

34 $655 - 384 =$

35 $673 - 491 =$

36 $689 - 293 =$

37 $715 - 224 =$

38 $743 - 481 =$

39 $768 - 175 =$

40 $776 - 392 =$

41 $803 - 352 =$

42 $847 - 265 =$

43 $851 - 180 =$

44 $874 - 491 =$

45 $911 - 651 =$

46 $938 - 343 =$

47 $945 - 472 =$

48 $988 - 595 =$

6

(세 자리 수)-(세 자리 수)

: 받아내림이 두 번 있는 경우

이렇게
계산해요

637-459의 계산

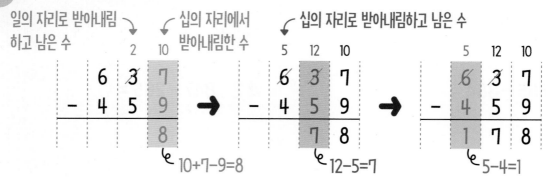

● 계산해 보세요.

1

	2	5	1
−	1	6	4

2

	3	1	6
−	1	2	8

3

	3	4	0
−	1	5	2

4

	4	2	3
−	1	3	5

5

	4	7	2
−	2	9	3

6

	5	0	5
−	2	1	8

7

	5	3	3
−	1	8	4

8

	5	8	2
−	3	9	5

9

	6	1	4
−	3	2	5

10

	6	4	7
−	1	9	8

11

	6	6	3
−	4	8	6

12

	7	3	5
−	2	5	9

13

	7	5	0
−	5	8	3

14

	7	8	6
−	3	9	7

15

	8	0	8
−	1	1	9

16

	8	5	1
−	4	9	5

17

	8	7	2
−	6	8	8

18

	9	2	3
−	2	2	5

19

	9	4	4
−	6	5	8

20

	9	6	7
−	7	9	9

6

21
```
    2  2  5
 -  1  4  8
_____
```

27
```
    4  5  0
 -  1  8  1
_____
```

22
```
    3  0  6
 -  1  9  7
_____
```

28
```
    4  7  5
 -  2  9  8
_____
```

23
```
    3  5  4
 -  1  6  6
_____
```

29
```
    5  1  3
 -  2  5  5
_____
```

24
```
    3  8  3
 -  1  8  8
_____
```

30
```
    5  4  6
 -  3  8  9
_____
```

25
```
    4  1  2
 -  1  3  5
_____
```

31
```
    5  5  2
 -  1  6  3
_____
```

26
```
    4  4  8
 -  2  6  9
_____
```

32
```
    5  6  1
 -  2  9  4
_____
```

33 $605 - 316 =$

34 $632 - 157 =$

35 $650 - 481 =$

36 $684 - 299 =$

37 $712 - 148 =$

38 $744 - 596 =$

39 $767 - 389 =$

40 $771 - 295 =$

41 $826 - 227 =$

42 $848 - 459 =$

43 $861 - 396 =$

44 $880 - 193 =$

45 $904 - 558 =$

46 $932 - 155 =$

47 $958 - 679 =$

48 $973 - 387 =$

● 계산해 보세요.

1
```
    2  4  7
-   1  1  3
_____
```

2
```
    2  7  5
-   1  2  9
_____
```

3
```
    3  0  3
-   1  4  1
_____
```

4
```
    3  5  6
-   2  3  1
_____
```

5
```
    3  7  4
-   1  9  6
_____
```

6
```
    4  2  6
-   2  5  1
_____
```

7
```
    4  3  0
-   1  5  8
_____
```

8
```
    4  9  5
-   2  0  3
_____
```

9
```
    5  1  8
-   1  1  4
_____
```

10
```
    5  5  0
-   3  1  5
_____
```

11 $572-286=$

12 $613-459=$

13 $661-128=$

14 $685-320=$

15 $705-452=$

16 $762-231=$

17 $784-598=$

18 $822-511=$

19 $835-169=$

20 $894-627=$

21 $900-241=$

22 $953-362=$

23 $971-585=$

24 $996-735=$

>> 다른 그림 8곳을 찾아보세요.

아이와 평생 함께할 습관을 만듭니다.

아이스크림 홈런 2.0
공부를 좋아하는 습관

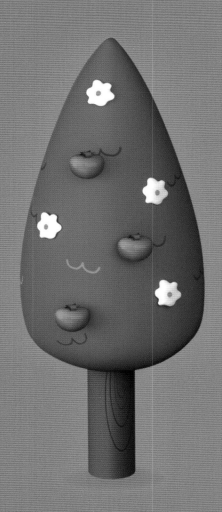

기본을 단단하게
나만의 속도로
무엇보다 재미있게

아이스크림
더연산

정답

초1 ➕ 초2 ➕ 초3

- 가르기
- 두 자리 수의 뺄셈
- 세 자리 수의 뺄셈

뺄셈

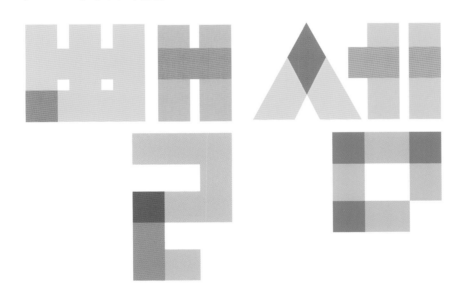

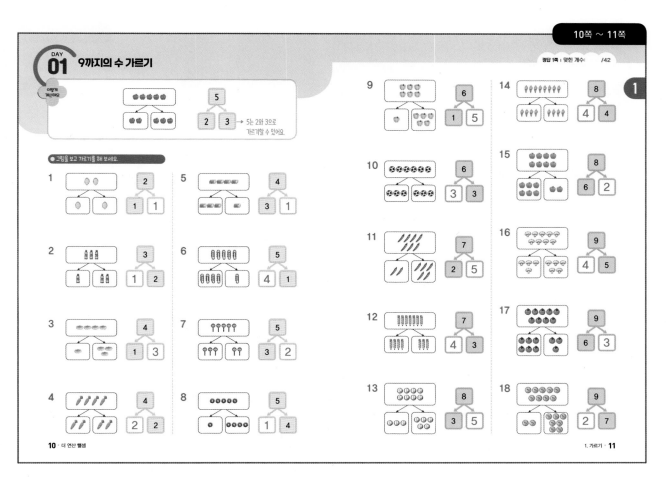

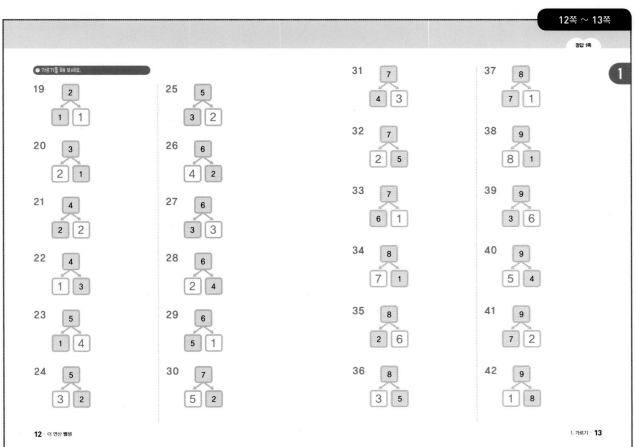

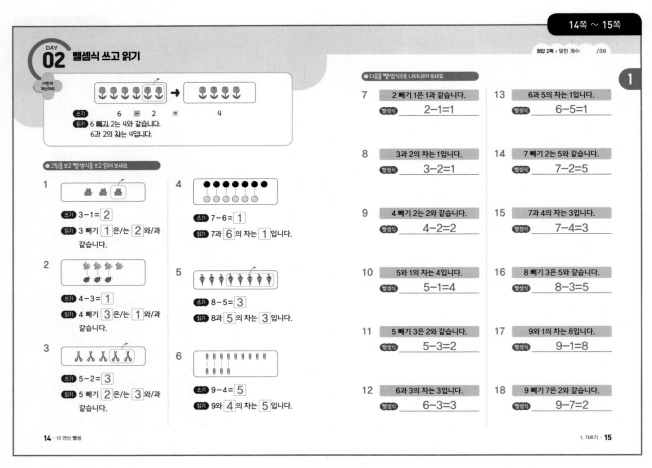

DAY 02 뺄셈식 쓰고 읽기

정답 2쪽 | 맞힌 개수: /38

쓰기 6 − 2 = 4
읽기 6 빼기 2는 4와 같습니다.
6과 2의 차는 4입니다.

● 그림을 보고 뺄셈식을 쓰고 읽어 보세요.

1
쓰기 3−1= 2
읽기 3 빼기 1은/는 2 와/과 같습니다.

2
쓰기 4−3= 1
읽기 4 빼기 3은/는 1 와/과 같습니다.

3
쓰기 5−2= 3
읽기 5 빼기 2은/는 3 와/과 같습니다.

4
쓰기 7−6= 1
읽기 7과 6 의 차는 1 입니다.

5
쓰기 8−5= 3
읽기 8과 5 의 차는 3 입니다.

6
쓰기 9−4= 5
읽기 9와 4 의 차는 5 입니다.

● 다음을 뺄셈식으로 나타내어 보세요.

7 2 빼기 1은 1과 같습니다.
뺄셈식 2−1=1

8 3과 2의 차는 1입니다.
뺄셈식 3−2=1

9 4 빼기 2는 2와 같습니다.
뺄셈식 4−2=2

10 5와 1의 차는 4입니다.
뺄셈식 5−1=4

11 5 빼기 3은 2와 같습니다.
뺄셈식 5−3=2

12 6과 3의 차는 3입니다.
뺄셈식 6−3=3

13 6과 5의 차는 1입니다.
뺄셈식 6−5=1

14 7 빼기 2는 5와 같습니다.
뺄셈식 7−2=5

15 7과 4의 차는 3입니다.
뺄셈식 7−4=3

16 8 빼기 3은 5와 같습니다.
뺄셈식 8−3=5

17 9와 1의 차는 8입니다.
뺄셈식 9−1=8

18 9 빼기 7은 2와 같습니다.
뺄셈식 9−7=2

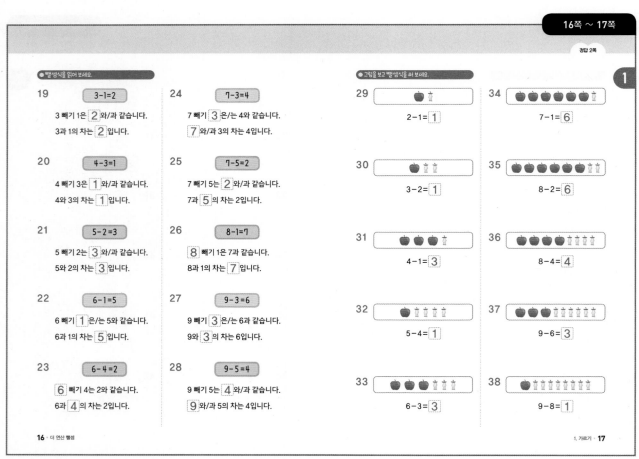

정답 2쪽

● 뺄셈식을 읽어 보세요.

19 3−1=2
3 빼기 1은 2 와/과 같습니다.
3과 1의 차는 2 입니다.

20 4−3=1
4 빼기 3은 1 와/과 같습니다.
4와 3의 차는 1 입니다.

21 5−2=3
5 빼기 2는 3 와/과 같습니다.
5와 2의 차는 3 입니다.

22 6−1=5
6 빼기 1은/는 5와 같습니다.
6과 1의 차는 5 입니다.

23 6−4=2
6 빼기 4는 2와 같습니다.
6과 4 의 차는 2입니다.

24 7−3=4
7 빼기 3은/는 4와 같습니다.
7 와/과 3의 차는 4입니다.

25 7−5=2
7 빼기 5는 2와/과 같습니다.
7과 5 의 차는 2입니다.

26 8−1=7
8 빼기 1은 7과 같습니다.
8과 1의 차는 7 입니다.

27 9−3=6
9 빼기 3은/는 6과 같습니다.
9와 3 의 차는 6입니다.

28 9−5=4
9 빼기 5는 4와/과 같습니다.
9 와/과 5의 차는 4입니다.

● 그림을 보고 뺄셈식을 써 보세요.

29 2−1= 1

30 3−2= 1

31 4−1= 3

32 5−4= 1

33 6−3= 3

34 7−1= 6

35 8−2= 6

36 8−4= 4

37 9−6= 3

38 9−8= 1

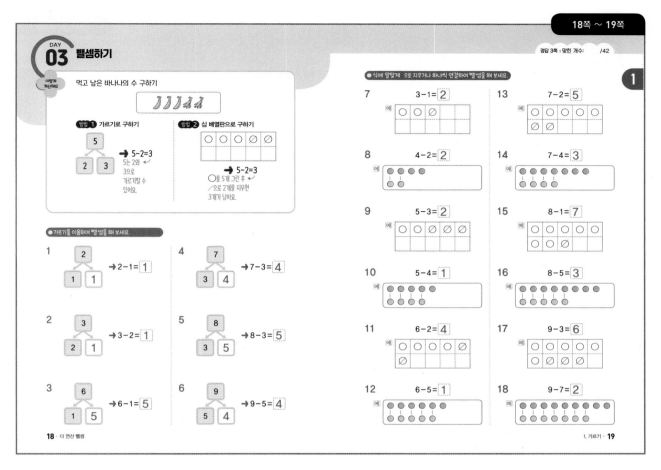

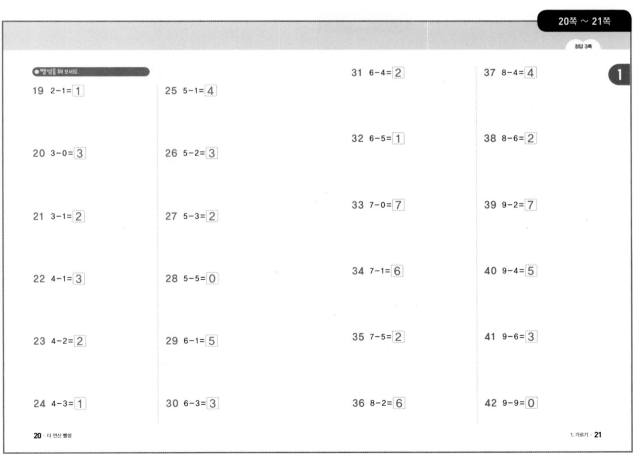

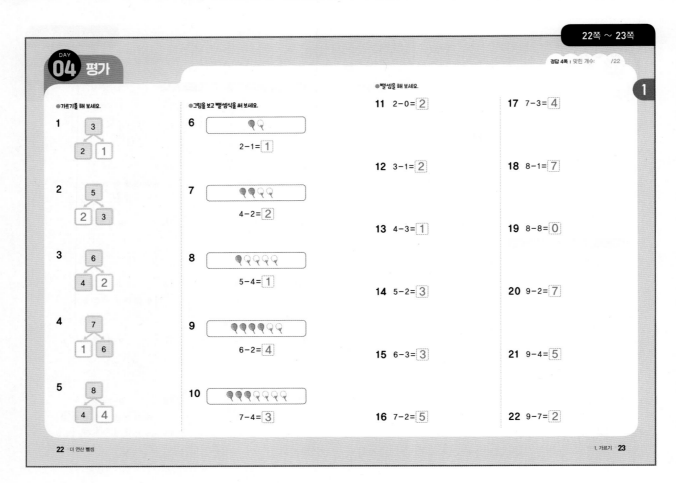

DAY 04 평가

정답 4쪽 | 맞힌 개수 : /22

● 가르기를 해 보세요.

1
3
2 1

2
5
2 3

3
6
4 2

4
7
1 6

5
8
4 4

● 그림을 보고 뺄셈식을 써 보세요.

6
2-1= 1

7
4-2= 2

8
5-4= 1

9
6-2= 4

10
7-4= 3

● 뺄셈을 해 보세요.

11 2-0= 2

12 3-1= 2

13 4-3= 1

14 5-2= 3

15 6-3= 3

16 7-2= 5

17 7-3= 4

18 8-1= 7

19 8-8= 0

20 9-2= 7

21 9-4= 5

22 9-7= 2

22 · 더 연산 뺄셈

1. 가르기 **23**

1

다른 그림 찾기

정답 4쪽

>> 다른 그림 8곳을 찾아보세요.

24 · 더 연산 뺄셈

4 · 더 연산 뺄셈

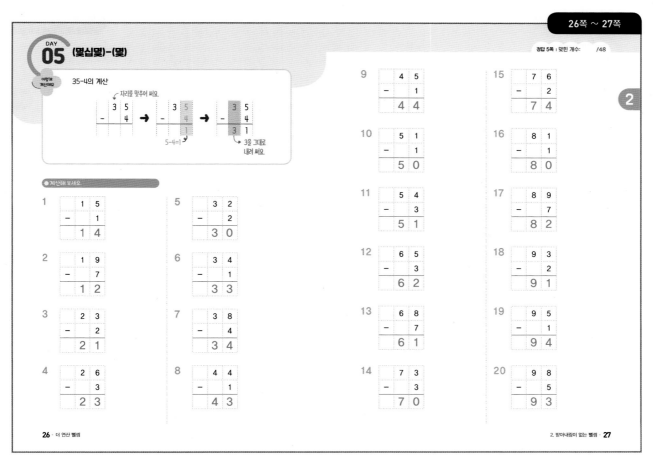

DAY 05 (몇십몇)-(몇)

정답 5쪽 | 맞힌 개수: /48

35-4의 계산

● 계산해 보세요.

1
```
   1 5
 -   1
   1 4
```

2
```
   1 9
 -   7
   1 2
```

3
```
   2 3
 -   2
   2 1
```

4
```
   2 6
 -   3
   2 3
```

5
```
   3 2
 -   2
   3 0
```

6
```
   3 4
 -   1
   3 3
```

7
```
   3 8
 -   4
   3 4
```

8
```
   4 4
 -   1
   4 3
```

9
```
   4 5
 -   1
   4 4
```

10
```
   5 1
 -   1
   5 0
```

11
```
   5 4
 -   3
   5 1
```

12
```
   6 5
 -   3
   6 2
```

13
```
   6 8
 -   7
   6 1
```

14
```
   7 3
 -   3
   7 0
```

15
```
   7 6
 -   2
   7 4
```

16
```
   8 1
 -   1
   8 0
```

17
```
   8 9
 -   7
   8 2
```

18
```
   9 3
 -   2
   9 1
```

19
```
   9 5
 -   1
   9 4
```

20
```
   9 8
 -   5
   9 3
```

정답 5쪽

21
```
   1 3
 -   1
   1 2
```

22
```
   1 6
 -   4
   1 2
```

23
```
   1 8
 -   2
   1 6
```

24
```
   2 2
 -   2
   2 0
```

25
```
   2 4
 -   3
   2 1
```

26
```
   2 9
 -   7
   2 2
```

27
```
   3 1
 -   1
   3 0
```

28
```
   3 3
 -   2
   3 1
```

29
```
   3 6
 -   3
   3 3
```

30
```
   4 3
 -   2
   4 1
```

31
```
   4 5
 -   3
   4 2
```

32
```
   4 8
 -   6
   4 2
```

33 $52-1=51$

34 $56-3=53$

35 $57-2=55$

36 $64-4=60$

37 $66-5=61$

38 $69-2=67$

39 $72-1=71$

40 $75-3=72$

41 $78-6=72$

42 $84-2=82$

43 $85-1=84$

44 $87-5=82$

45 $91-1=90$

46 $94-3=91$

47 $96-4=92$

48 $99-2=97$

정답

DAY 06 (몇십)-(몇십)

40-10의 계산

$$
\begin{array}{r} 4\ 0 \\ -\ 1\ 0 \\ \hline \end{array}
\rightarrow
\begin{array}{r} 4\ 0 \\ -\ 1\ 0 \\ \hline \ \ \ 0 \end{array}
\rightarrow
\begin{array}{r} 4\ 0 \\ -\ 1\ 0 \\ \hline 3\ 0 \end{array}
$$

0을
그대로 써요.   4-1=3

● 계산해 보세요

1
$$\begin{array}{r} 2\ 0 \\ -\ 1\ 0 \\ \hline 1\ 0 \end{array}$$

2
$$\begin{array}{r} 3\ 0 \\ -\ 1\ 0 \\ \hline 2\ 0 \end{array}$$

3
$$\begin{array}{r} 3\ 0 \\ -\ 2\ 0 \\ \hline 1\ 0 \end{array}$$

4
$$\begin{array}{r} 4\ 0 \\ -\ 2\ 0 \\ \hline 2\ 0 \end{array}$$

5
$$\begin{array}{r} 4\ 0 \\ -\ 3\ 0 \\ \hline 1\ 0 \end{array}$$

6
$$\begin{array}{r} 5\ 0 \\ -\ 1\ 0 \\ \hline 4\ 0 \end{array}$$

7
$$\begin{array}{r} 5\ 0 \\ -\ 3\ 0 \\ \hline 2\ 0 \end{array}$$

8
$$\begin{array}{r} 5\ 0 \\ -\ 4\ 0 \\ \hline 1\ 0 \end{array}$$

9
$$\begin{array}{r} 6\ 0 \\ -\ 1\ 0 \\ \hline 5\ 0 \end{array}$$

10
$$\begin{array}{r} 6\ 0 \\ -\ 3\ 0 \\ \hline 3\ 0 \end{array}$$

11
$$\begin{array}{r} 6\ 0 \\ -\ 5\ 0 \\ \hline 1\ 0 \end{array}$$

12
$$\begin{array}{r} 7\ 0 \\ -\ 2\ 0 \\ \hline 5\ 0 \end{array}$$

13
$$\begin{array}{r} 7\ 0 \\ -\ 4\ 0 \\ \hline 3\ 0 \end{array}$$

14
$$\begin{array}{r} 7\ 0 \\ -\ 6\ 0 \\ \hline 1\ 0 \end{array}$$

15
$$\begin{array}{r} 8\ 0 \\ -\ 2\ 0 \\ \hline 6\ 0 \end{array}$$

16
$$\begin{array}{r} 8\ 0 \\ -\ 3\ 0 \\ \hline 5\ 0 \end{array}$$

17
$$\begin{array}{r} 8\ 0 \\ -\ 7\ 0 \\ \hline 1\ 0 \end{array}$$

18
$$\begin{array}{r} 9\ 0 \\ -\ 3\ 0 \\ \hline 6\ 0 \end{array}$$

19
$$\begin{array}{r} 9\ 0 \\ -\ 5\ 0 \\ \hline 4\ 0 \end{array}$$

20
$$\begin{array}{r} 9\ 0 \\ -\ 7\ 0 \\ \hline 2\ 0 \end{array}$$

21
$$\begin{array}{r} 2\ 0 \\ -\ 1\ 0 \\ \hline 1\ 0 \end{array}$$

22
$$\begin{array}{r} 3\ 0 \\ -\ 1\ 0 \\ \hline 2\ 0 \end{array}$$

23
$$\begin{array}{r} 3\ 0 \\ -\ 2\ 0 \\ \hline 1\ 0 \end{array}$$

24
$$\begin{array}{r} 4\ 0 \\ -\ 1\ 0 \\ \hline 3\ 0 \end{array}$$

25
$$\begin{array}{r} 4\ 0 \\ -\ 2\ 0 \\ \hline 2\ 0 \end{array}$$

26
$$\begin{array}{r} 4\ 0 \\ -\ 3\ 0 \\ \hline 1\ 0 \end{array}$$

27
$$\begin{array}{r} 5\ 0 \\ -\ 1\ 0 \\ \hline 4\ 0 \end{array}$$

28
$$\begin{array}{r} 5\ 0 \\ -\ 3\ 0 \\ \hline 2\ 0 \end{array}$$

29
$$\begin{array}{r} 5\ 0 \\ -\ 4\ 0 \\ \hline 1\ 0 \end{array}$$

30
$$\begin{array}{r} 6\ 0 \\ -\ 2\ 0 \\ \hline 4\ 0 \end{array}$$

31
$$\begin{array}{r} 6\ 0 \\ -\ 3\ 0 \\ \hline 3\ 0 \end{array}$$

32
$$\begin{array}{r} 6\ 0 \\ -\ 4\ 0 \\ \hline 2\ 0 \end{array}$$

33 $70-10=60$

34 $70-30=40$

35 $70-40=30$

36 $70-50=20$

37 $70-60=10$

38 $80-10=70$

39 $80-30=50$

40 $80-40=40$

41 $80-50=30$

42 $80-60=20$

43 $90-10=80$

44 $90-20=70$

45 $90-40=50$

46 $90-60=30$

47 $90-70=20$

48 $90-80=10$

DAY 07 (몇십몇)-(몇십)

이렇게 계산해요

53-20의 계산

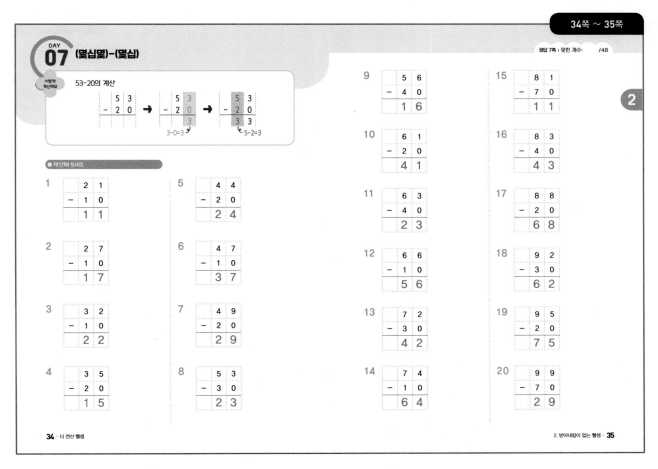

● 계산해 보세요.

정답 7쪽 | 맞힌 개수: /48

1
```
    2 1
  - 1 0
    1 1
```

2
```
    2 7
  - 1 0
    1 7
```

3
```
    3 2
  - 1 0
    2 2
```

4
```
    3 5
  - 2 0
    1 5
```

5
```
    4 4
  - 2 0
    2 4
```

6
```
    4 7
  - 1 0
    3 7
```

7
```
    4 9
  - 2 0
    2 9
```

8
```
    5 3
  - 3 0
    2 3
```

9
```
    5 6
  - 4 0
    1 6
```

10
```
    6 1
  - 2 0
    4 1
```

11
```
    6 3
  - 4 0
    2 3
```

12
```
    6 6
  - 1 0
    5 6
```

13
```
    7 2
  - 3 0
    4 2
```

14
```
    7 4
  - 1 0
    6 4
```

15
```
    8 1
  - 7 0
    1 1
```

16
```
    8 3
  - 4 0
    4 3
```

17
```
    8 8
  - 2 0
    6 8
```

18
```
    9 2
  - 3 0
    6 2
```

19
```
    9 5
  - 2 0
    7 5
```

20
```
    9 9
  - 7 0
    2 9
```

34 · 더 연산 뺄셈

2. 받아내림이 없는 뺄셈 · 35

정답 7쪽

21
```
    2 3
  - 2 0
      3
```

22
```
    2 8
  - 1 0
    1 8
```

23
```
    3 1
  - 2 0
    1 1
```

24
```
    3 4
  - 1 0
    2 4
```

25
```
    3 7
  - 1 0
    2 7
```

26
```
    4 2
  - 2 0
    2 2
```

27
```
    4 5
  - 1 0
    3 5
```

28
```
    4 6
  - 3 0
    1 6
```

29
```
    5 1
  - 3 0
    2 1
```

30
```
    5 4
  - 1 0
    4 4
```

31
```
    5 8
  - 4 0
    1 8
```

32
```
    5 9
  - 2 0
    3 9
```

33 62-40=22

34 64-30=34

35 65-20=45

36 68-50=18

37 71-20=51

38 73-10=63

39 76-40=36

40 79-50=29

41 84-30=54

42 85-70=15

43 87-20=67

44 89-50=39

45 91-40=51

46 93-10=83

47 96-20=76

48 98-40=58

36 · 더 연산 뺄셈

2. 받아내림이 없는 뺄셈 · 37

정답 · 7

정답

08 (몇십몇)-(몇십몇)

정답 8쪽 | 맞힌 개수: /48

68-33의 계산

$$\begin{array}{r} 6\ 8 \\ -\ 3\ 3 \\ \hline \end{array} \rightarrow \begin{array}{r} 6\ 8 \\ -\ 3\ 3 \\ \hline 5 \end{array} \rightarrow \begin{array}{r} 6\ 8 \\ -\ 3\ 3 \\ \hline 3\ 5 \end{array}$$

8-3=5   6-3=3

● 계산해 보세요

1
$$\begin{array}{r} 2\ 5 \\ -\ 1\ 1 \\ \hline 1\ 4 \end{array}$$

2
$$\begin{array}{r} 2\ 9 \\ -\ 1\ 3 \\ \hline 1\ 6 \end{array}$$

3
$$\begin{array}{r} 3\ 2 \\ -\ 1\ 2 \\ \hline 2\ 0 \end{array}$$

4
$$\begin{array}{r} 3\ 6 \\ -\ 2\ 5 \\ \hline 1\ 1 \end{array}$$

5
$$\begin{array}{r} 4\ 3 \\ -\ 2\ 2 \\ \hline 2\ 1 \end{array}$$

6
$$\begin{array}{r} 4\ 7 \\ -\ 1\ 3 \\ \hline 3\ 4 \end{array}$$

7
$$\begin{array}{r} 5\ 2 \\ -\ 1\ 1 \\ \hline 4\ 1 \end{array}$$

8
$$\begin{array}{r} 5\ 5 \\ -\ 3\ 4 \\ \hline 2\ 1 \end{array}$$

9
$$\begin{array}{r} 5\ 8 \\ -\ 2\ 7 \\ \hline 3\ 1 \end{array}$$

10
$$\begin{array}{r} 6\ 2 \\ -\ 2\ 1 \\ \hline 4\ 1 \end{array}$$

11
$$\begin{array}{r} 6\ 6 \\ -\ 3\ 2 \\ \hline 3\ 4 \end{array}$$

12
$$\begin{array}{r} 7\ 1 \\ -\ 4\ 1 \\ \hline 3\ 0 \end{array}$$

13
$$\begin{array}{r} 7\ 4 \\ -\ 6\ 2 \\ \hline 1\ 2 \end{array}$$

14
$$\begin{array}{r} 7\ 7 \\ -\ 3\ 4 \\ \hline 4\ 3 \end{array}$$

15
$$\begin{array}{r} 8\ 3 \\ -\ 3\ 2 \\ \hline 5\ 1 \end{array}$$

16
$$\begin{array}{r} 8\ 5 \\ -\ 1\ 2 \\ \hline 7\ 3 \end{array}$$

17
$$\begin{array}{r} 8\ 8 \\ -\ 4\ 3 \\ \hline 4\ 5 \end{array}$$

18
$$\begin{array}{r} 9\ 2 \\ -\ 5\ 1 \\ \hline 4\ 1 \end{array}$$

19
$$\begin{array}{r} 9\ 6 \\ -\ 2\ 4 \\ \hline 7\ 2 \end{array}$$

20
$$\begin{array}{r} 9\ 9 \\ -\ 5\ 8 \\ \hline 4\ 1 \end{array}$$

정답 8쪽

21
$$\begin{array}{r} 2\ 3 \\ -\ 1\ 3 \\ \hline 1\ 0 \end{array}$$

22
$$\begin{array}{r} 2\ 8 \\ -\ 1\ 2 \\ \hline 1\ 6 \end{array}$$

23
$$\begin{array}{r} 3\ 4 \\ -\ 1\ 1 \\ \hline 2\ 3 \end{array}$$

24
$$\begin{array}{r} 3\ 5 \\ -\ 2\ 4 \\ \hline 1\ 1 \end{array}$$

25
$$\begin{array}{r} 3\ 7 \\ -\ 1\ 5 \\ \hline 2\ 2 \end{array}$$

26
$$\begin{array}{r} 4\ 1 \\ -\ 2\ 1 \\ \hline 2\ 0 \end{array}$$

27
$$\begin{array}{r} 4\ 6 \\ -\ 3\ 3 \\ \hline 1\ 3 \end{array}$$

28
$$\begin{array}{r} 4\ 9 \\ -\ 1\ 7 \\ \hline 3\ 2 \end{array}$$

29
$$\begin{array}{r} 5\ 3 \\ -\ 3\ 1 \\ \hline 2\ 2 \end{array}$$

30
$$\begin{array}{r} 5\ 4 \\ -\ 2\ 1 \\ \hline 3\ 3 \end{array}$$

31
$$\begin{array}{r} 5\ 6 \\ -\ 1\ 3 \\ \hline 4\ 3 \end{array}$$

32
$$\begin{array}{r} 5\ 7 \\ -\ 4\ 6 \\ \hline 1\ 1 \end{array}$$

33 63-21=42

34 65-33=32

35 67-11=56

36 69-45=24

37 72-31=41

38 76-23=53

39 78-62=16

40 79-14=65

41 82-41=41

42 84-52=32

43 86-21=65

44 89-33=56

45 93-12=81

46 95-42=53

47 97-23=74

48 98-61=37

DAY 09 평가

● 계산해 보세요.

1
```
    1 4
 -    1
 ─────
    1 3
```

2
```
    2 0
 -  1 0
 ─────
    1 0
```

3
```
    2 3
 -  1 0
 ─────
    1 3
```

4
```
    2 6
 -  1 2
 ─────
    1 4
```

5
```
    3 5
 -  1 0
 ─────
    2 5
```

6
```
    3 8
 -  2 3
 ─────
    1 5
```

7
```
    4 0
 -  2 0
 ─────
    2 0
```

8
```
    4 7
 -    5
 ─────
    4 2
```

9
```
    4 9
 -  3 0
 ─────
    1 9
```

10
```
    5 0
 -  1 0
 ─────
    4 0
```

11 54-2=52

12 57-23=34

13 60-40=20

14 64-20=44

15 69-3=66

16 70-20=50

17 75-11=64

18 77-30=47

19 80-30=50

20 82-1=81

21 85-34=51

22 91-50=41

23 95-4=91

24 98-25=73

다른 그림 찾기

>> 다른 그림 8곳을 찾아보세요.

DAY 10 세 수의 뺄셈

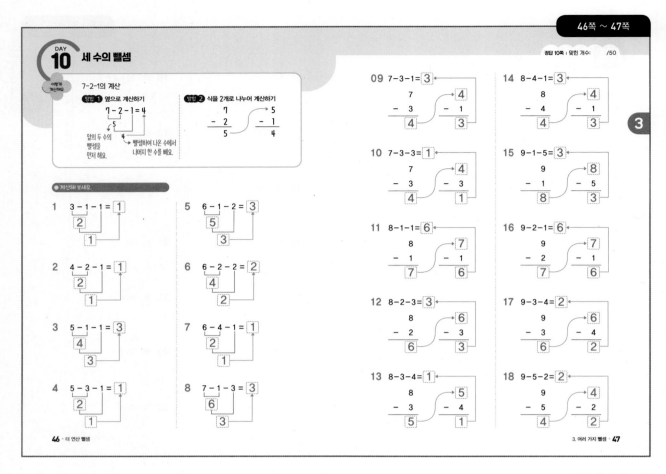

7-2-1의 계산

방법 1 옆으로 계산하기

$7 - 2 - 1 = 4$
  5
앞의 두 수의 뺄셈을 먼저 해요.
뺄셈하여 나온 수에서 나머지 한 수를 빼요.

방법 2 식을 2개로 나누어 계산하기

7 → 5
− 2   − 1
5   4

● 계산해 보세요.

1   3 − 1 − 1 = 1
       2
       1

2   4 − 2 − 1 = 1
       2
       1

3   5 − 1 − 1 = 3
       4
       3

4   5 − 3 − 1 = 1
       2
       1

5   6 − 1 − 2 = 3
       5
       3

6   6 − 2 − 2 = 2
       4
       2

7   6 − 4 − 1 = 1
       2
       1

8   7 − 1 − 3 = 3
       6
       3

09 7 − 3 − 1 = 3
       7   4
     − 3   − 1
       4   3

10 7 − 3 − 3 = 1
       7   4
     − 3   − 3
       4   1

11 8 − 1 − 1 = 6
       8   7
     − 1   − 1
       7   6

12 8 − 2 − 3 = 3
       8   6
     − 2   − 3
       6   3

13 8 − 3 − 4 = 1
       8   5
     − 3   − 4
       5   1

14 8 − 4 − 1 = 3
       8   4
     − 4   − 1
       4   3

15 9 − 1 − 5 = 3
       9   8
     − 1   − 5
       8   3

16 9 − 2 − 1 = 6
       9   7
     − 2   − 1
       7   6

17 9 − 3 − 4 = 2
       9   6
     − 3   − 4
       6   2

18 9 − 5 − 2 = 2
       9   4
     − 5   − 2
       4   2

3

---

19 3−1−1=1

20 4−1−1=2

21 5−2−1=2

22 5−2−2=1

23 6−1−1=4

24 6−1−3=2

25 6−2−3=1

26 6−3−2=1

27 7−1−1=5

28 7−1−4=2

29 7−2−2=3

30 7−4−2=1

31 7−5−1=1

32 8−1−3=4

33 8−1−6=1

34 8−2−1=5

35 8−2−2=4

36 8−2−5=1

37 8−3−3=2

38 8−4−2=2

39 8−5−1=2

40 9−1−1=7

41 9−1−6=2

42 9−2−4=3

43 9−3−1=5

44 9−3−2=4

45 9−3−3=3

46 9−4−1=4

47 9−4−4=1

48 9−5−3=1

49 9−6−2=1

50 9−7−1=1

3

DAY 11 10에서 빼기

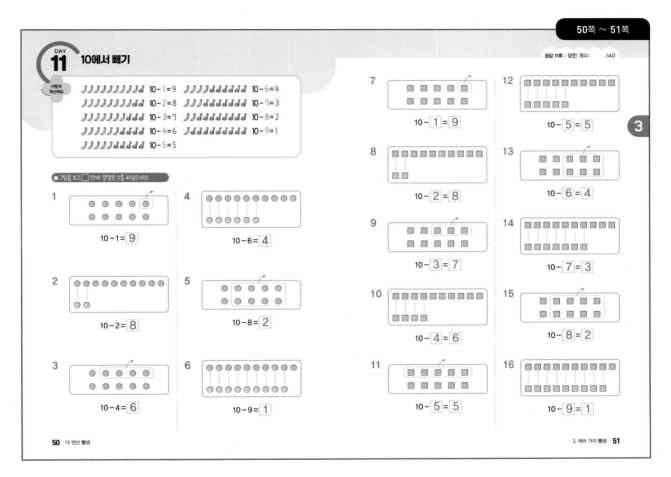

어떻게 계산해요

10-1=9   10-6=4
10-2=8   10-7=3
10-3=7   10-8=2
10-4=6   10-9=1
10-5=5

● 그림을 보고 ☐ 안에 알맞은 수를 써넣으세요.

1 10-1=9
2 10-2=8
3 10-4=6
4 10-6=4
5 10-8=2
6 10-9=1
7 10-1=9
8 10-2=8
9 10-3=7
10 10-4=6
11 10-5=5
12 10-5=5
13 10-6=4
14 10-7=3
15 10-8=2
16 10-9=1

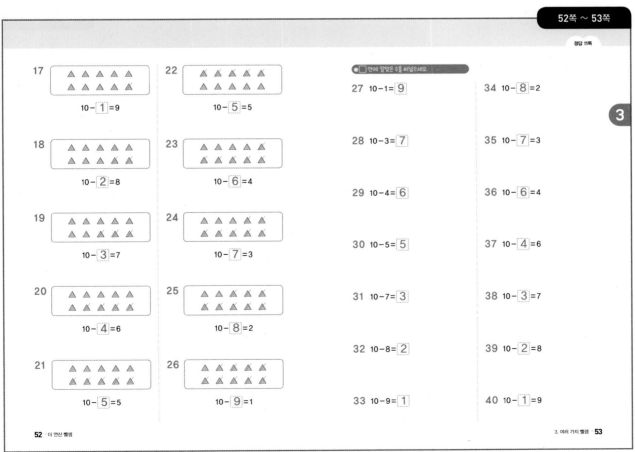

17 10-1=9
18 10-2=8
19 10-3=7
20 10-4=6
21 10-5=5
22 10-5=5
23 10-6=4
24 10-7=3
25 10-8=2
26 10-9=1

● ☐ 안에 알맞은 수를 써넣으세요.

27 10-1=9
28 10-3=7
29 10-4=6
30 10-5=5
31 10-7=3
32 10-8=2
33 10-9=1
34 10-8=2
35 10-7=3
36 10-6=4
37 10-4=6
38 10-3=7
39 10-2=8
40 10-1=9

정답 · 11

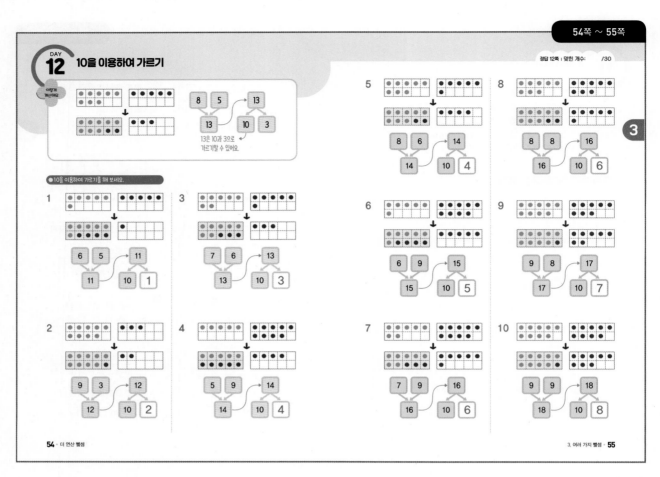

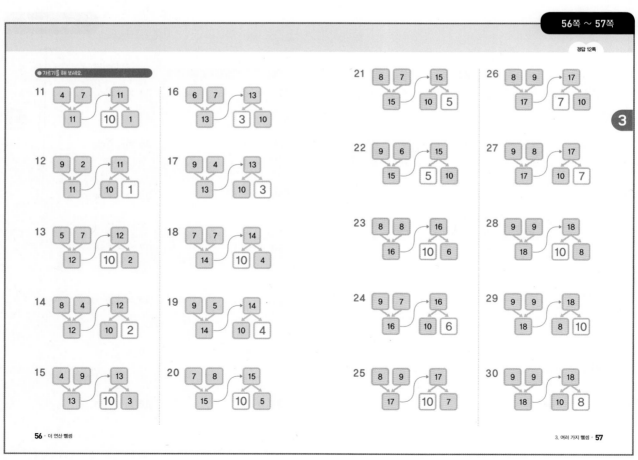

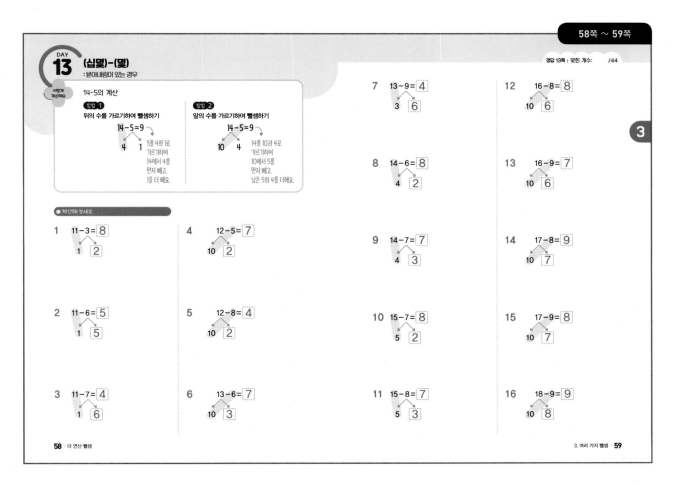

정답 13쪽

17 11−2=9	24 12−6=6	31 14−5=9	38 15−9=6
18 11−4=7	25 12−7=5	32 14−7=7	39 16−7=9
19 11−5=6	26 12−9=3	33 14−8=6	40 16−8=8
20 11−8=3	27 13−4=9	34 14−9=5	41 16−9=7
21 11−9=2	28 13−5=8	35 15−6=9	42 17−8=9
22 12−3=9	29 13−7=6	36 15−7=8	43 17−9=8
23 12−4=8	30 13−8=5	37 15−8=7	44 18−9=9

3

DAY **14** 평가

정답 14쪽 | 맞힌 개수: /26

3

● 가르기를 해 보세요.

1
| 5 | 6 | → | 11 |
| 11 | 10 | 1 |

2
| 5 | 8 | → | 13 |
| 13 | 10 | 3 |

3
| 6 | 9 | → | 15 |
| 15 | 10 | 5 |

4
| 7 | 9 | → | 16 |
| 16 | 10 | 6 |

5
| 9 | 9 | → | 18 |
| 18 | 10 | 8 |

● 계산해 보세요.

6 $3-1-1=1$

7 $4-2-1=1$

8 $5-2-2=1$

9 $6-3-1=2$

10 $7-2-3=2$

11 $8-1-5=2$

12 $9-2-5=2$

13 $10-2=8$

14 $10-3=7$

15 $10-5=5$

16 $10-6=4$

17 $10-7=3$

18 $10-8=2$

19 $10-9=1$

20 $12-4=8$

21 $13-6=7$

22 $14-8=6$

23 $15-8=7$

24 $16-7=9$

25 $17-8=9$

26 $18-9=9$

다른 그림 찾기

정답 14쪽

>> 다른 그림 8곳을 찾아보세요.

DAY 15 (두 자리 수)-(한 자리 수)

정답 15쪽 | 맞힌 개수: /48

이렇게 계산해요

33-5의 계산

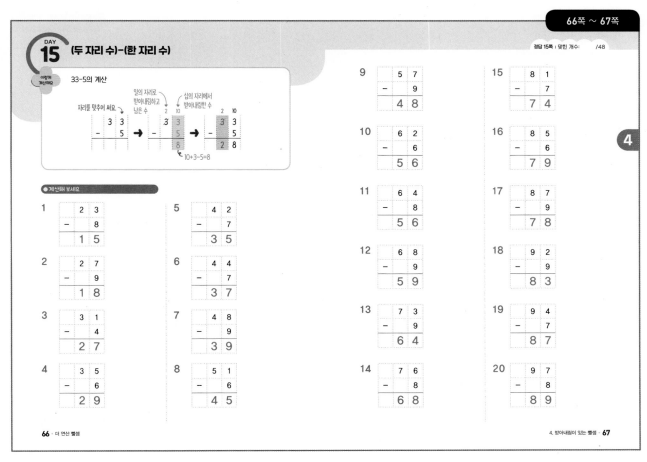

● 계산해 보세요.

1

$$\begin{array}{r} 2\ 3 \\ -\ \ \ 8 \\ \hline 1\ 5 \end{array}$$

2

$$\begin{array}{r} 2\ 7 \\ -\ \ \ 9 \\ \hline 1\ 8 \end{array}$$

3

$$\begin{array}{r} 3\ 1 \\ -\ \ \ 4 \\ \hline 2\ 7 \end{array}$$

4

$$\begin{array}{r} 3\ 5 \\ -\ \ \ 6 \\ \hline 2\ 9 \end{array}$$

5

$$\begin{array}{r} 4\ 2 \\ -\ \ \ 7 \\ \hline 3\ 5 \end{array}$$

6

$$\begin{array}{r} 4\ 4 \\ -\ \ \ 7 \\ \hline 3\ 7 \end{array}$$

7

$$\begin{array}{r} 4\ 8 \\ -\ \ \ 9 \\ \hline 3\ 9 \end{array}$$

8

$$\begin{array}{r} 5\ 1 \\ -\ \ \ 6 \\ \hline 4\ 5 \end{array}$$

9

$$\begin{array}{r} 5\ 7 \\ -\ \ \ 9 \\ \hline 4\ 8 \end{array}$$

10

$$\begin{array}{r} 6\ 2 \\ -\ \ \ 6 \\ \hline 5\ 6 \end{array}$$

11

$$\begin{array}{r} 6\ 4 \\ -\ \ \ 8 \\ \hline 5\ 6 \end{array}$$

12

$$\begin{array}{r} 6\ 8 \\ -\ \ \ 9 \\ \hline 5\ 9 \end{array}$$

13

$$\begin{array}{r} 7\ 3 \\ -\ \ \ 9 \\ \hline 6\ 4 \end{array}$$

14

$$\begin{array}{r} 7\ 6 \\ -\ \ \ 8 \\ \hline 6\ 8 \end{array}$$

15

$$\begin{array}{r} 8\ 1 \\ -\ \ \ 7 \\ \hline 7\ 4 \end{array}$$

16

$$\begin{array}{r} 8\ 5 \\ -\ \ \ 6 \\ \hline 7\ 9 \end{array}$$

17

$$\begin{array}{r} 8\ 7 \\ -\ \ \ 9 \\ \hline 7\ 8 \end{array}$$

18

$$\begin{array}{r} 9\ 2 \\ -\ \ \ 9 \\ \hline 8\ 3 \end{array}$$

19

$$\begin{array}{r} 9\ 4 \\ -\ \ \ 7 \\ \hline 8\ 7 \end{array}$$

20

$$\begin{array}{r} 9\ 7 \\ -\ \ \ 8 \\ \hline 8\ 9 \end{array}$$

정답 15쪽

21

$$\begin{array}{r} 2\ 1 \\ -\ \ \ 6 \\ \hline 1\ 5 \end{array}$$

22

$$\begin{array}{r} 2\ 4 \\ -\ \ \ 7 \\ \hline 1\ 7 \end{array}$$

23

$$\begin{array}{r} 2\ 5 \\ -\ \ \ 9 \\ \hline 1\ 6 \end{array}$$

24

$$\begin{array}{r} 2\ 8 \\ -\ \ \ 9 \\ \hline 1\ 9 \end{array}$$

25

$$\begin{array}{r} 3\ 2 \\ -\ \ \ 9 \\ \hline 2\ 3 \end{array}$$

26

$$\begin{array}{r} 3\ 6 \\ -\ \ \ 8 \\ \hline 2\ 8 \end{array}$$

27

$$\begin{array}{r} 3\ 7 \\ -\ \ \ 9 \\ \hline 2\ 8 \end{array}$$

28

$$\begin{array}{r} 3\ 8 \\ -\ \ \ 9 \\ \hline 2\ 9 \end{array}$$

29

$$\begin{array}{r} 4\ 3 \\ -\ \ \ 9 \\ \hline 3\ 4 \end{array}$$

30

$$\begin{array}{r} 4\ 5 \\ -\ \ \ 7 \\ \hline 3\ 8 \end{array}$$

31

$$\begin{array}{r} 4\ 6 \\ -\ \ \ 8 \\ \hline 3\ 8 \end{array}$$

32

$$\begin{array}{r} 5\ 2 \\ -\ \ \ 9 \\ \hline 4\ 3 \end{array}$$

33 $54-7=47$

34 $55-8=47$

35 $56-7=49$

36 $61-9=52$

37 $63-7=56$

38 $67-8=59$

39 $72-4=68$

40 $74-6=68$

41 $75-9=66$

42 $77-8=69$

43 $83-6=77$

44 $86-7=79$

45 $88-9=79$

46 $91-9=82$

47 $95-7=88$

48 $98-9=89$

DAY 16 (몇십)-(몇십몇)

정답 16쪽 | 맞힌 개수: /48

어떻게 계산해요 40-17의 계산

일의 자리로 받아내림하고 남은 수 → 십의 자리에서 받아내림한 수

$$
\begin{array}{r} 4\ 0 \\ -\ 1\ 7 \\ \hline \end{array}
\rightarrow
\begin{array}{r} 3 \\ 4\ \cancel{0} \\ -\ 1\ 7 \\ \hline 3 \end{array}
\quad 10-7=3
\rightarrow
\begin{array}{r} 3\ 10 \\ 4\ 7 \\ -\ 1\ 7 \\ \hline 2\ 3 \end{array}
\quad 3-1=2
$$

● 계산해 보세요.

1
$$\begin{array}{r} 2\ 0 \\ -\ 1\ 4 \\ \hline 6 \end{array}$$

2
$$\begin{array}{r} 3\ 0 \\ -\ 1\ 2 \\ \hline 1\ 8 \end{array}$$

3
$$\begin{array}{r} 3\ 0 \\ -\ 2\ 5 \\ \hline 5 \end{array}$$

4
$$\begin{array}{r} 4\ 0 \\ -\ 1\ 3 \\ \hline 2\ 7 \end{array}$$

5
$$\begin{array}{r} 4\ 0 \\ -\ 2\ 8 \\ \hline 1\ 2 \end{array}$$

6
$$\begin{array}{r} 5\ 0 \\ -\ 1\ 9 \\ \hline 3\ 1 \end{array}$$

7
$$\begin{array}{r} 5\ 0 \\ -\ 2\ 4 \\ \hline 2\ 6 \end{array}$$

8
$$\begin{array}{r} 5\ 0 \\ -\ 3\ 6 \\ \hline 1\ 4 \end{array}$$

9
$$\begin{array}{r} 6\ 0 \\ -\ 2\ 5 \\ \hline 3\ 5 \end{array}$$

10
$$\begin{array}{r} 6\ 0 \\ -\ 3\ 2 \\ \hline 2\ 8 \end{array}$$

11
$$\begin{array}{r} 6\ 0 \\ -\ 4\ 7 \\ \hline 1\ 3 \end{array}$$

12
$$\begin{array}{r} 7\ 0 \\ -\ 1\ 8 \\ \hline 5\ 2 \end{array}$$

13
$$\begin{array}{r} 7\ 0 \\ -\ 4\ 3 \\ \hline 2\ 7 \end{array}$$

14
$$\begin{array}{r} 7\ 0 \\ -\ 6\ 6 \\ \hline 4 \end{array}$$

15
$$\begin{array}{r} 8\ 0 \\ -\ 3\ 4 \\ \hline 4\ 6 \end{array}$$

16
$$\begin{array}{r} 8\ 0 \\ -\ 4\ 8 \\ \hline 3\ 2 \end{array}$$

17
$$\begin{array}{r} 8\ 0 \\ -\ 6\ 3 \\ \hline 1\ 7 \end{array}$$

18
$$\begin{array}{r} 9\ 0 \\ -\ 2\ 2 \\ \hline 6\ 8 \end{array}$$

19
$$\begin{array}{r} 9\ 0 \\ -\ 5\ 9 \\ \hline 3\ 1 \end{array}$$

20
$$\begin{array}{r} 9\ 0 \\ -\ 7\ 7 \\ \hline 1\ 3 \end{array}$$

4

정답 16쪽

21
$$\begin{array}{r} 2\ 0 \\ -\ 1\ 1 \\ \hline 9 \end{array}$$

22
$$\begin{array}{r} 3\ 0 \\ -\ 1\ 5 \\ \hline 1\ 5 \end{array}$$

23
$$\begin{array}{r} 3\ 0 \\ -\ 1\ 6 \\ \hline 1\ 4 \end{array}$$

24
$$\begin{array}{r} 3\ 0 \\ -\ 2\ 3 \\ \hline 7 \end{array}$$

25
$$\begin{array}{r} 4\ 0 \\ -\ 1\ 2 \\ \hline 2\ 8 \end{array}$$

26
$$\begin{array}{r} 4\ 0 \\ -\ 1\ 8 \\ \hline 2\ 2 \end{array}$$

27
$$\begin{array}{r} 4\ 0 \\ -\ 2\ 4 \\ \hline 1\ 6 \end{array}$$

28
$$\begin{array}{r} 4\ 0 \\ -\ 2\ 9 \\ \hline 1\ 1 \end{array}$$

29
$$\begin{array}{r} 5\ 0 \\ -\ 1\ 3 \\ \hline 3\ 7 \end{array}$$

30
$$\begin{array}{r} 5\ 0 \\ -\ 2\ 7 \\ \hline 2\ 3 \end{array}$$

31
$$\begin{array}{r} 5\ 0 \\ -\ 3\ 8 \\ \hline 1\ 2 \end{array}$$

32
$$\begin{array}{r} 5\ 0 \\ -\ 4\ 2 \\ \hline 8 \end{array}$$

33 60-17=43

34 60-24=36

35 60-33=27

36 60-48=12

37 70-22=48

38 70-39=31

39 70-45=25

40 70-51=19

41 80-18=62

42 80-26=54

43 80-54=26

44 80-73=7

45 90-19=71

46 90-38=52

47 90-42=48

48 90-66=24

4

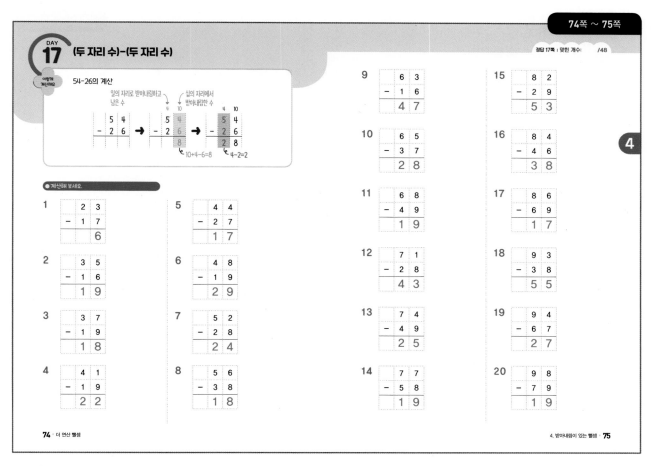

DAY 17 (두 자리 수)-(두 자리 수)

정답 17쪽 | 맞힌 개수: /48

54-26의 계산

일의 자리로 받아내림하고
남은 수

십의 자리에서
받아내림한 수

$$
\begin{array}{r} 5\ 4 \\ -\ 2\ 6 \\ \hline \end{array}
\rightarrow
\begin{array}{r} 5\ 4 \\ -\ 2\ 6 \\ \hline 8 \end{array}
\rightarrow
\begin{array}{r} 5\ 4 \\ -\ 2\ 6 \\ \hline 2\ 8 \end{array}
$$

10+4-6=8   4-2=2

● 계산해 보세요.

1
```
    2 3
  - 1 7
  -----
      6
```

5
```
    4 4
  - 2 7
  -----
    1 7
```

2
```
    3 5
  - 1 6
  -----
    1 9
```

6
```
    4 8
  - 1 9
  -----
    2 9
```

3
```
    3 7
  - 1 9
  -----
    1 8
```

7
```
    5 2
  - 2 8
  -----
    2 4
```

4
```
    4 1
  - 1 9
  -----
    2 2
```

8
```
    5 6
  - 3 8
  -----
    1 8
```

9
```
    6 3
  - 1 6
  -----
    4 7
```

15
```
    8 2
  - 2 9
  -----
    5 3
```

10
```
    6 5
  - 3 7
  -----
    2 8
```

16
```
    8 4
  - 4 6
  -----
    3 8
```

11
```
    6 8
  - 4 9
  -----
    1 9
```

17
```
    8 6
  - 6 9
  -----
    1 7
```

12
```
    7 1
  - 2 8
  -----
    4 3
```

18
```
    9 3
  - 3 8
  -----
    5 5
```

13
```
    7 4
  - 4 9
  -----
    2 5
```

19
```
    9 4
  - 6 7
  -----
    2 7
```

14
```
    7 7
  - 5 8
  -----
    1 9
```

20
```
    9 8
  - 7 9
  -----
    1 9
```

정답 17쪽

21
```
    2 6
  - 1 9
  -----
      7
```

27
```
    4 5
  - 1 7
  -----
    2 8
```

22
```
    3 2
  - 1 9
  -----
    1 3
```

28
```
    4 7
  - 2 8
  -----
    1 9
```

23
```
    3 3
  - 1 7
  -----
    1 6
```

29
```
    5 1
  - 1 9
  -----
    3 2
```

24
```
    3 6
  - 1 9
  -----
    1 7
```

30
```
    5 3
  - 2 8
  -----
    2 5
```

25
```
    3 8
  - 2 9
  -----
      9
```

31
```
    5 5
  - 3 7
  -----
    1 8
```

26
```
    4 2
  - 1 6
  -----
    2 6
```

32
```
    5 8
  - 4 9
  -----
      9
```

33 62-19=43

34 65-29=36

35 66-39=27

36 67-48=19

37 73-27=46

38 75-36=39

39 76-49=27

40 78-59=19

41 81-29=52

42 83-39=44

43 85-46=39

44 87-59=28

45 92-16=76

46 95-37=58

47 96-59=37

48 97-78=19

정답

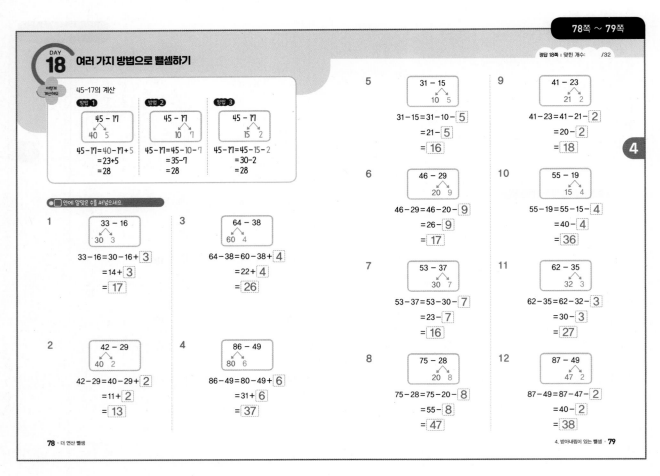

18 여러 가지 방법으로 뺄셈하기

DAY

정답 18쪽 | 맞힌 개수: /32

어떻게 계산해요

45-17의 계산

방법 1

$$45 - 17$$
$$40 \quad 5$$

$$45-17=40-17+5$$
$$=23+5$$
$$=28$$

방법 2

$$45 - 17$$
$$10 \quad 7$$

$$45-17=45-10-7$$
$$=35-7$$
$$=28$$

방법 3

$$45 - 17$$
$$15 \quad 2$$

$$45-17=45-15-2$$
$$=30-2$$
$$=28$$

● □안에 알맞은 수를 써넣으세요.

1
$$33 - 16$$
$$30 \quad 3$$
$$33-16=30-16+\boxed{3}$$
$$=14+\boxed{3}$$
$$=\boxed{17}$$

2
$$42 - 29$$
$$40 \quad 2$$
$$42-29=40-29+\boxed{2}$$
$$=11+\boxed{2}$$
$$=\boxed{13}$$

3
$$64 - 38$$
$$60 \quad 4$$
$$64-38=60-38+\boxed{4}$$
$$=22+\boxed{4}$$
$$=\boxed{26}$$

4
$$86 - 49$$
$$80 \quad 6$$
$$86-49=80-49+\boxed{6}$$
$$=31+\boxed{6}$$
$$=\boxed{37}$$

5
$$31 - 15$$
$$10 \quad 5$$
$$31-15=31-10-\boxed{5}$$
$$=21-\boxed{5}$$
$$=\boxed{16}$$

6
$$46 - 29$$
$$20 \quad 9$$
$$46-29=46-20-\boxed{9}$$
$$=26-\boxed{9}$$
$$=\boxed{17}$$

7
$$53 - 37$$
$$30 \quad 7$$
$$53-37=53-30-\boxed{7}$$
$$=23-\boxed{7}$$
$$=\boxed{16}$$

8
$$75 - 28$$
$$20 \quad 8$$
$$75-28=75-20-\boxed{8}$$
$$=55-\boxed{8}$$
$$=\boxed{47}$$

9
$$41 - 23$$
$$21 \quad 2$$
$$41-23=41-21-\boxed{2}$$
$$=20-\boxed{2}$$
$$=\boxed{18}$$

10
$$55 - 19$$
$$15 \quad 4$$
$$55-19=55-15-\boxed{4}$$
$$=40-\boxed{4}$$
$$=\boxed{36}$$

11
$$62 - 35$$
$$32 \quad 3$$
$$62-35=62-32-\boxed{3}$$
$$=30-\boxed{3}$$
$$=\boxed{27}$$

12
$$87 - 49$$
$$47 \quad 2$$
$$87-49=87-47-\boxed{2}$$
$$=40-\boxed{2}$$
$$=\boxed{38}$$

4

정답 18쪽

13
$$35-19=\boxed{30}-19+5$$
$$=\boxed{11}+5$$
$$=\boxed{16}$$

14
$$41-13=\boxed{40}-13+1$$
$$=\boxed{27}+1$$
$$=\boxed{28}$$

15
$$54-25=\boxed{50}-25+4$$
$$=\boxed{25}+4$$
$$=\boxed{29}$$

16
$$57-38=\boxed{50}-38+7$$
$$=\boxed{12}+7$$
$$=\boxed{19}$$

17
$$63-26=\boxed{60}-26+3$$
$$=\boxed{34}+3$$
$$=\boxed{37}$$

18
$$72-47=\boxed{70}-47+2$$
$$=\boxed{23}+2$$
$$=\boxed{25}$$

19
$$84-49=\boxed{80}-49+4$$
$$=\boxed{31}+4$$
$$=\boxed{35}$$

20
$$96-58=\boxed{90}-58+6$$
$$=\boxed{32}+6$$
$$=\boxed{38}$$

21
$$33-18=33-\boxed{10}-8$$
$$=\boxed{23}-8$$
$$=\boxed{15}$$

22
$$45-27=45-\boxed{20}-7$$
$$=\boxed{25}-7$$
$$=\boxed{18}$$

23
$$57-19=57-\boxed{10}-9$$
$$=\boxed{47}-9$$
$$=\boxed{38}$$

24
$$64-35=64-\boxed{30}-5$$
$$=\boxed{34}-5$$
$$=\boxed{29}$$

25
$$76-57=76-\boxed{50}-7$$
$$=\boxed{26}-7$$
$$=\boxed{19}$$

26
$$88-29=88-\boxed{20}-9$$
$$=\boxed{68}-9$$
$$=\boxed{59}$$

27
$$92-46=92-\boxed{40}-6$$
$$=\boxed{52}-6$$
$$=\boxed{46}$$

28
$$36-19=36-\boxed{16}-3$$
$$=\boxed{20}-3$$
$$=\boxed{17}$$

29
$$47-18=47-\boxed{17}-1$$
$$=\boxed{30}-1$$
$$=\boxed{29}$$

30
$$53-35=53-\boxed{33}-2$$
$$=\boxed{20}-2$$
$$=\boxed{18}$$

31
$$74-26=74-\boxed{24}-2$$
$$=\boxed{50}-2$$
$$=\boxed{48}$$

32
$$95-39=95-\boxed{35}-4$$
$$=\boxed{60}-4$$
$$=\boxed{56}$$

4

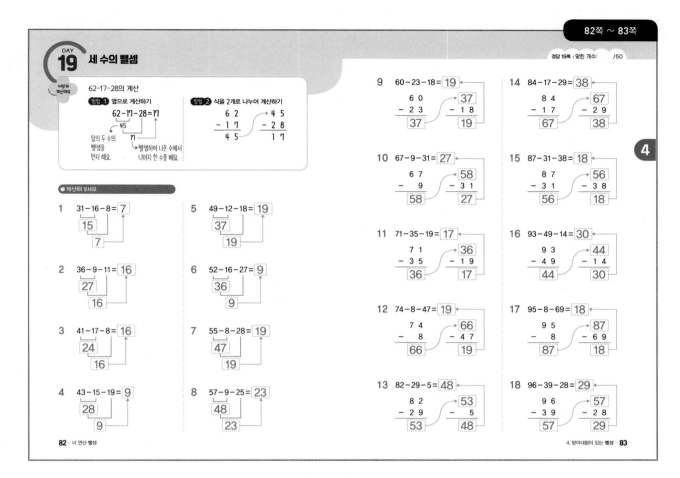

정답 19쪽

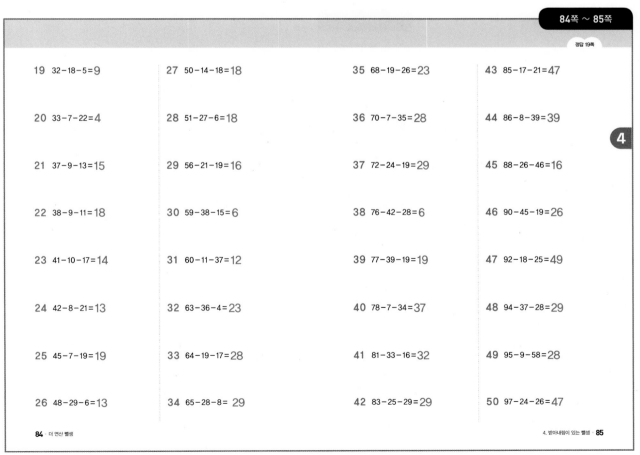

정답

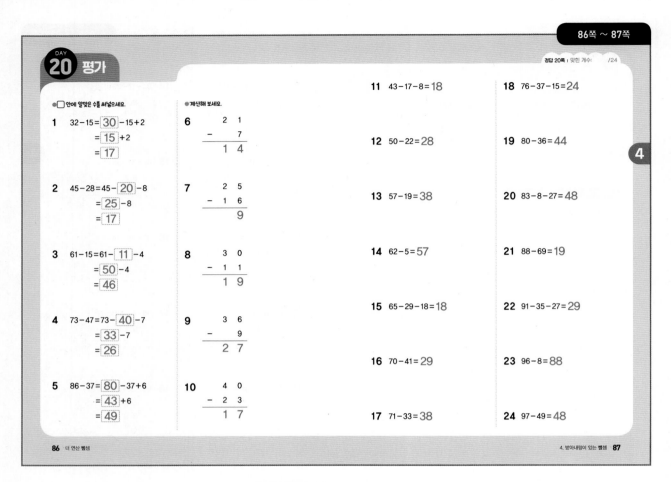

DAY 20 평가

정답 20쪽 | 맞힌 개수: /24

● □ 안에 알맞은 수를 써넣으세요.

1 $32-15 = \boxed{30} - 15 + 2$
$= \boxed{15} + 2$
$= \boxed{17}$

2 $45-28 = 45 - \boxed{20} - 8$
$= \boxed{25} - 8$
$= \boxed{17}$

3 $61-15 = 61 - \boxed{11} - 4$
$= \boxed{50} - 4$
$= \boxed{46}$

4 $73-47 = 73 - \boxed{40} - 7$
$= \boxed{33} - 7$
$= \boxed{26}$

5 $86-37 = \boxed{80} - 37 + 6$
$= \boxed{43} + 6$
$= \boxed{49}$

● 계산해 보세요.

6
```
    2 1
 -    7
    1 4
```

7
```
    2 5
 -  1 6
      9
```

8
```
    3 0
 -  1 1
    1 9
```

9
```
    3 6
 -    9
    2 7
```

10
```
    4 0
 -  2 3
    1 7
```

11 $43-17-8 = 18$

12 $50-22 = 28$

13 $57-19 = 38$

14 $62-5 = 57$

15 $65-29-18 = 18$

16 $70-41 = 29$

17 $71-33 = 38$

18 $76-37-15 = 24$

19 $80-36 = 44$

20 $83-8-27 = 48$

21 $88-69 = 19$

22 $91-35-27 = 29$

23 $96-8 = 88$

24 $97-49 = 48$

4

86 더 연산 뺄셈

4. 받아내림이 있는 뺄셈 **87**

정답 20쪽

다른 그림 찾기 ≫ 다른 그림 8곳을 찾아보세요. ☆

88 · 더 연산 뺄셈

20 · 더 연산 뺄셈

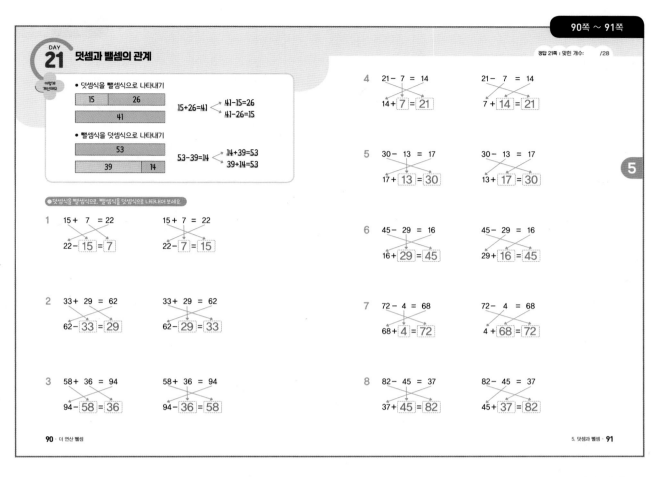

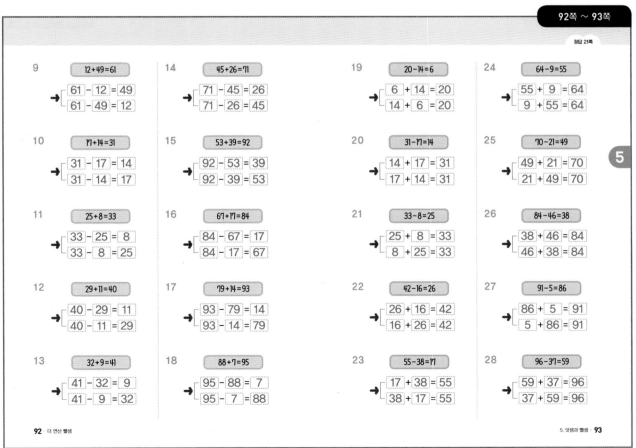

DAY 22 덧셈식에서 □의 값 구하기

정답 22쪽 | 맞힌 개수: /48

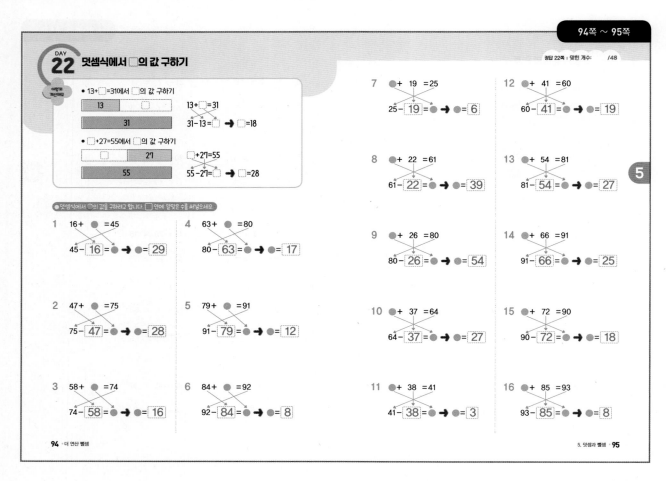

• 13+□=31에서 □의 값 구하기

13+□=31
31−13=□ ➡ □=18

• □+27=55에서 □의 값 구하기

□+27=55
55−27=□ ➡ □=28

●덧셈식에서 □의 값을 구하려고 합니다. □ 안에 알맞은 수를 써넣으세요.

1 16+●=45
45−16=● ➡ ●=29

4 63+●=80
80−63=● ➡ ●=17

7 ●+19=25
25−19=● ➡ ●=6

12 ●+41=60
60−41=● ➡ ●=19

2 47+●=75
75−47=● ➡ ●=28

5 79+●=91
91−79=● ➡ ●=12

8 ●+22=61
61−22=● ➡ ●=39

13 ●+54=81
81−54=● ➡ ●=27

9 ●+26=80
80−26=● ➡ ●=54

14 ●+66=91
91−66=● ➡ ●=25

10 ●+37=64
64−37=● ➡ ●=27

15 ●+72=90
90−72=● ➡ ●=18

3 58+●=74
74−58=● ➡ ●=16

6 84+●=92
92−84=● ➡ ●=8

11 ●+38=41
41−38=● ➡ ●=3

16 ●+85=93
93−85=● ➡ ●=8

정답 22쪽

●□ 안에 알맞은 수를 써넣으세요.

17 8+15=23

18 9+27=36

19 13+19=32

20 15+45=60

21 22+9=31

22 24+27=51

23 26+58=84

24 32+9=41

25 35+25=60

26 37+37=74

27 41+49=90

28 46+8=54

29 59+16=75

30 65+27=92

31 78+17=95

32 84+7=91

33 16+6=22

34 19+13=32

35 36+17=53

36 7+18=25

37 38+22=60

38 16+25=41

39 26+37=63

40 49+43=92

41 8+44=52

42 18+48=66

43 9+53=62

44 38+55=93

45 19+62=81

46 24+66=90

47 18+74=92

48 5+89=94

DAY 23 뺄셈식에서 □의 값 구하기

정답 23쪽 | 맞힌 개수: /48

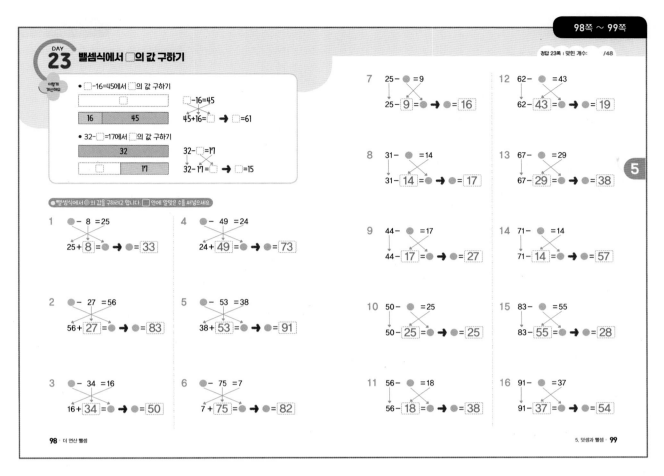

• □-16=45에서 □의 값 구하기

□-16=45

| 16 | 45 |

45+16=□ ➡ □=61

• 32-□=17에서 □의 값 구하기

| 32 |

| □ | 17 |

32-□=17
32-17=□ ➡ □=15

● 뺄셈식에서 □의 값을 구하려고 합니다. □ 안에 알맞은 수를 써넣으세요.

1 ● - 8 =25
25+ 8 =● ➡ ●= 33

2 ● - 27 =56
56+ 27 =● ➡ ●= 83

3 ● - 34 =16
16+ 34 =● ➡ ●= 50

4 ● - 49 =24
24+ 49 =● ➡ ●= 73

5 ● - 53 =38
38+ 53 =● ➡ ●= 91

6 ● - 75 =7
7 + 75 =● ➡ ●= 82

7 25- ● =9
25- 9 =● ➡ ●= 16

8 31- ● =14
31- 14 =● ➡ ●= 17

9 44- ● =17
44- 17 =● ➡ ●= 27

10 50- ● =25
50- 25 =● ➡ ●= 25

11 56- ● =18
56- 18 =● ➡ ●= 38

12 62- ● =43
62- 43 =● ➡ ●= 19

13 67- ● =29
67- 29 =● ➡ ●= 38

14 71- ● =14
71- 14 =● ➡ ●= 57

15 83- ● =55
83- 55 =● ➡ ●= 28

16 91- ● =37
91- 37 =● ➡ ●= 54

정답 23쪽

● □ 안에 알맞은 수를 써넣으세요.

17 44 -6=38

18 50 -7=43

19 31 -12=19

20 44 -15=29

21 73 -18=55

22 40 -22=18

23 81 -29=52

24 52 -33=19

25 71 -37=34

26 62 -44=18

27 72 -49=23

28 81 -52=29

29 70 -56=14

30 82 -65=17

31 84 -66=18

32 93 -77=16

33 20- 5 =15

34 26- 17 =9

35 31- 15 =16

36 35- 19 =16

37 44- 8 =36

38 46- 28 =18

39 51- 19 =32

40 55- 36 =19

41 61- 23 =38

42 66- 58 =8

43 70- 44 =26

44 75- 17 =58

45 83- 6 =77

46 86- 37 =49

47 90- 64 =26

48 94- 18 =76

DAY 24 세 수의 덧셈과 뺄셈

정답 24쪽 | 맞힌 개수: /48

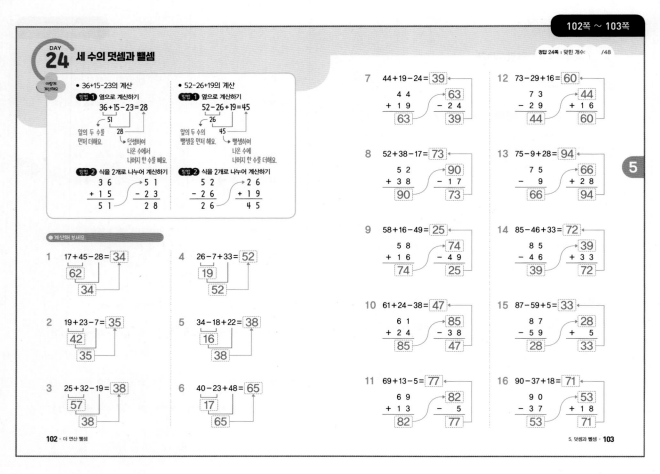

이렇게 계산해요

● 36+15-23의 계산

방법 1 옆으로 계산하기

$$36+15-23=28$$
앞의 두 수를 51, 28
먼저 더해요. 덧셈하여
나온 수에서
나머지 한 수를 빼요.

방법 2 식을 2개로 나누어 계산하기

$$\begin{array}{r}3\ 6\\+1\ 5\\\hline5\ 1\end{array}\qquad\begin{array}{r}5\ 1\\-2\ 3\\\hline2\ 8\end{array}$$

● 52-26+19의 계산

방법 1 옆으로 계산하기

$$52-26+19=45$$
앞의 두 수의 26, 45
뺄셈을 먼저 해요. 뺄셈하여
나온 수에
나머지 한 수를 더해요.

방법 2 식을 2개로 나누어 계산하기

$$\begin{array}{r}5\ 2\\-2\ 6\\\hline2\ 6\end{array}\qquad\begin{array}{r}2\ 6\\+1\ 9\\\hline4\ 5\end{array}$$

● 계산해 보세요.

1. $17+45-28=\boxed{34}$, $\boxed{62}$, $\boxed{34}$

2. $19+23-7=\boxed{35}$, $\boxed{42}$, $\boxed{35}$

3. $25+32-19=\boxed{38}$, $\boxed{57}$, $\boxed{38}$

4. $26-7+33=\boxed{52}$, $\boxed{19}$, $\boxed{52}$

5. $34-18+22=\boxed{38}$, $\boxed{16}$, $\boxed{38}$

6. $40-23+48=\boxed{65}$, $\boxed{17}$, $\boxed{65}$

7. $44+19-24=\boxed{39}$

$$\begin{array}{r}4\ 4\\+1\ 9\\\hline6\ 3\end{array}\to\boxed{63}\qquad\begin{array}{r}6\ 3\\-2\ 4\\\hline3\ 9\end{array}$$

8. $52+38-17=\boxed{73}$

$$\begin{array}{r}5\ 2\\+3\ 8\\\hline9\ 0\end{array}\to\boxed{90}\qquad\begin{array}{r}9\ 0\\-1\ 7\\\hline7\ 3\end{array}$$

9. $58+16-49=\boxed{25}$

$$\begin{array}{r}5\ 8\\+1\ 6\\\hline7\ 4\end{array}\to\boxed{74}\qquad\begin{array}{r}7\ 4\\-4\ 9\\\hline2\ 5\end{array}$$

10. $61+24-38=\boxed{47}$

$$\begin{array}{r}6\ 1\\+2\ 4\\\hline8\ 5\end{array}\to\boxed{85}\qquad\begin{array}{r}8\ 5\\-3\ 8\\\hline4\ 7\end{array}$$

11. $69+13-5=\boxed{77}$

$$\begin{array}{r}6\ 9\\+1\ 3\\\hline8\ 2\end{array}\to\boxed{82}\qquad\begin{array}{r}8\ 2\\-\ \ 5\\\hline7\ 7\end{array}$$

12. $73-29+16=\boxed{60}$

$$\begin{array}{r}7\ 3\\-2\ 9\\\hline4\ 4\end{array}\to\boxed{44}\qquad\begin{array}{r}4\ 4\\+1\ 6\\\hline6\ 0\end{array}$$

13. $75-9+28=\boxed{94}$

$$\begin{array}{r}7\ 5\\-\ \ 9\\\hline6\ 6\end{array}\to\boxed{66}\qquad\begin{array}{r}6\ 6\\+2\ 8\\\hline9\ 4\end{array}$$

14. $85-46+33=\boxed{72}$

$$\begin{array}{r}8\ 5\\-4\ 6\\\hline3\ 9\end{array}\to\boxed{39}\qquad\begin{array}{r}3\ 9\\+3\ 3\\\hline7\ 2\end{array}$$

15. $87-59+5=\boxed{33}$

$$\begin{array}{r}8\ 7\\-5\ 9\\\hline2\ 8\end{array}\to\boxed{28}\qquad\begin{array}{r}2\ 8\\+\ \ 5\\\hline3\ 3\end{array}$$

16. $90-37+18=\boxed{71}$

$$\begin{array}{r}9\ 0\\-3\ 7\\\hline5\ 3\end{array}\to\boxed{53}\qquad\begin{array}{r}5\ 3\\+1\ 8\\\hline7\ 1\end{array}$$

정답 24쪽

17. $11+29-13=27$

18. $14+57-36=35$

19. $15+48-7=56$

20. $24+33-38=19$

21. $26+56-19=63$

22. $27+54-44=37$

23. $32+9-15=26$

24. $36+38-27=47$

25. $43+19-21=41$

26. $48+34-26=56$

27. $52+29-11=70$

28. $59+33-45=47$

29. $63+15-39=39$

30. $66+6-17=55$

31. $74+18-54=38$

32. $78+13-36=55$

33. $24-16+35=43$

34. $31-12+57=76$

35. $38-9+24=53$

36. $40-11+33=62$

37. $45-27+46=64$

38. $52-38+66=80$

39. $55-9+37=83$

40. $57-19+25=63$

41. $63-27+8=44$

42. $66-18+21=69$

43. $70-23+17=64$

44. $75-32+39=82$

45. $81-56+15=40$

46. $84-8+17=93$

47. $92-33+24=83$

48. $98-69+12=41$

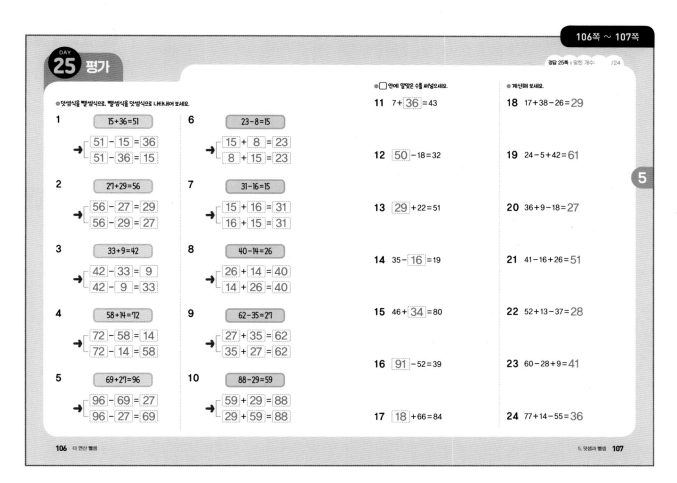

DAY 25 평가

정답 25쪽 | 맞힌 개수: /24

● 덧셈식을 뺄셈식으로, 뺄셈식을 덧셈식으로 나타내어 보세요.

1 15+36=51

→ 51 − 15 = 36
 51 − 36 = 15

2 27+29=56

→ 56 − 27 = 29
 56 − 29 = 27

3 33+9=42

→ 42 − 33 = 9
 42 − 9 = 33

4 58+14=72

→ 72 − 58 = 14
 72 − 14 = 58

5 69+27=96

→ 96 − 69 = 27
 96 − 27 = 69

6 23−8=15

→ 15 + 8 = 23
 8 + 15 = 23

7 31−16=15

→ 15 + 16 = 31
 16 + 15 = 31

8 40−14=26

→ 26 + 14 = 40
 14 + 26 = 40

9 62−35=27

→ 27 + 35 = 62
 35 + 27 = 62

10 88−29=59

→ 59 + 29 = 88
 29 + 59 = 88

● ☐ 안에 알맞은 수를 써넣으세요.

11 7+ 36 =43

12 50 −18=32

13 29 +22=51

14 35− 16 =19

15 46+ 34 =80

16 91 −52=39

17 18 +66=84

● 계산해 보세요.

18 17+38−26= 29

19 24−5+42= 61

20 36+9−18= 27

21 41−16+26= 51

22 52+13−37= 28

23 60−28+9= 41

24 77+14−55= 36

5

다른 그림 찾기

정답 25쪽

>> 다른 그림 8곳을 찾아보세요.

정답

DAY 26 (세 자리 수)-(세 자리 수)
: 받아내림이 없는 경우

정답 26쪽 | 맞힌 개수: /48

453-121의 계산

자리를 맞추어 써요.

```
  4 5 3          4 5 3          4 5 3
- 1 2 1    →   - 1 2 1    →   - 1 2 1
      2            3 2          3 3 2
     ↳3-1=2       ↳5-2=3       ↳4-1=3
```

● 계산해 보세요.

1
```
  2 5 4
- 1 1 2
  1 4 2
```

2
```
  2 7 9
- 1 3 6
  1 4 3
```

3
```
  3 2 5
- 1 2 4
  2 0 1
```

4
```
  3 6 7
- 2 1 5
  1 5 2
```

5
```
  4 4 6
- 1 0 5
  3 4 1
```

6
```
  4 9 2
- 2 5 1
  2 4 1
```

7
```
  5 1 3
- 2 0 1
  3 1 2
```

8
```
  5 8 4
- 3 3 2
  2 5 2
```

9
```
  6 1 7
- 1 1 4
  5 0 3
```

10
```
  6 5 4
- 3 4 1
  3 1 3
```

11
```
  6 8 5
- 2 2 3
  4 6 2
```

12
```
  7 2 9
- 2 0 5
  5 2 4
```

13
```
  7 6 2
- 3 3 1
  4 3 1
```

14
```
  7 9 6
- 5 1 4
  2 8 2
```

15
```
  8 0 3
- 2 0 1
  6 0 2
```

16
```
  8 4 7
- 5 1 3
  3 3 4
```

17
```
  8 6 4
- 4 2 1
  4 4 3
```

18
```
  9 3 3
- 4 1 2
  5 2 1
```

19
```
  9 5 9
- 6 1 7
  3 4 2
```

20
```
  9 9 8
- 2 3 5
  7 6 3
```

110 · 더 연산 뺄셈

6. 세 자리 수의 뺄셈 · 111

6

정답 26쪽

21
```
  2 3 7
- 1 1 2
  1 2 5
```

22
```
  2 6 5
- 1 5 3
  1 1 2
```

23
```
  3 4 4
- 1 0 3
  2 4 1
```

24
```
  3 7 6
- 1 4 2
  2 3 4
```

25
```
  3 9 9
- 2 7 1
  1 2 8
```

26
```
  4 2 2
- 1 1 1
  3 1 1
```

27
```
  4 5 9
- 3 2 6
  1 3 3
```

28
```
  4 8 5
- 2 4 1
  2 4 4
```

29
```
  5 2 4
- 3 1 3
  2 1 1
```

30
```
  5 5 6
- 2 1 5
  3 4 1
```

31
```
  5 6 5
- 1 4 3
  4 2 2
```

32
```
  5 9 6
- 3 3 2
  2 6 4
```

33 607-405=202

34 633-123=510

35 666-352=314

36 689-226=463

37 714-302=412

38 745-621=124

39 757-124=633

40 778-232=546

41 823-502=321

42 834-112=722

43 856-615=241

44 881-260=621

45 917-315=602

46 944-603=341

47 961-421=540

48 978-532=446

112 · 더 연산 뺄셈

6. 세 자리 수의 뺄셈 · 113

6

26 · 더 연산 뺄셈

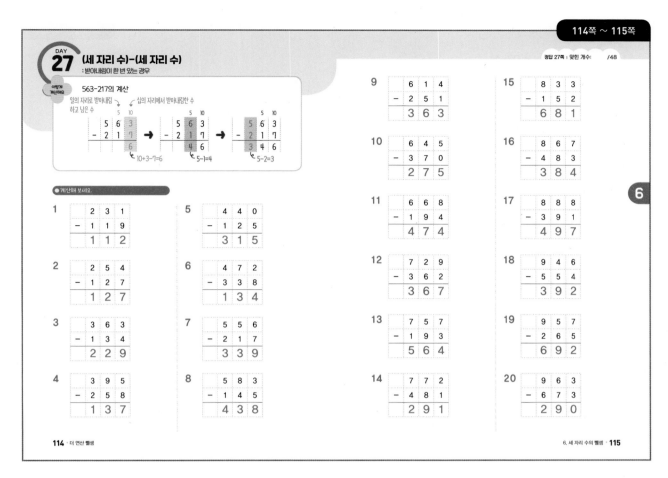

21
	2	5	0
−	1	2	4
	1	2	6

27
	4	8	4
−	1	3	9
	3	4	5

33 638−142=496

41 803−352=451

22
	3	4	3
−	1	2	8
	2	1	5

28
	4	9	5
−	2	6	7
	2	2	8

34 655−384=271

42 847−265=582

23
	3	7	6
−	1	5	9
	2	1	7

29
	5	2	1
−	3	1	5
	2	0	6

35 673−491=182

43 851−180=671

24
	3	8	1
−	1	4	7
	2	3	4

30
	5	5	8
−	1	1	9
	4	3	9

36 689−293=396

44 874−491=383

37 715−224=491

45 911−651=260

25
	4	2	2
−	1	1	6
	3	0	6

31
	5	7	6
−	2	4	8
	3	2	8

38 743−481=262

46 938−343=595

39 768−175=593

47 945−472=473

26
	4	6	1
−	2	2	6
	2	3	5

32
	5	9	3
−	2	5	6
	3	3	7

40 776−392=384

48 988−595=393

DAY 28 (세 자리 수)-(세 자리 수)
: 받아내림이 두 번 있는 경우

정답 28쪽 | 맞힌 개수: /48

이렇게 계산해요

637-459의 계산

$$637 - 459 = 178$$

(일의 자리로 받아내림 하고 남은 수, 십의 자리에서 받아내림한 수 → 10+7-9=8 → 십의 자리로 받아내림하고 남은 수 → 12-5=7 → 5-4=1)

● 계산해 보세요.

번호	식	답
1	251 − 164	87
2	316 − 128	188
3	340 − 152	188
4	423 − 135	288
5	472 − 293	179
6	505 − 218	287
7	533 − 184	349
8	582 − 395	187
9	614 − 325	289
10	647 − 198	449
11	663 − 486	177
12	735 − 259	476
13	750 − 583	167
14	786 − 397	389
15	808 − 119	689
16	851 − 495	356
17	872 − 688	184
18	923 − 225	698
19	944 − 658	286
20	967 − 799	168

6

정답 28쪽

번호	식	답
21	225 − 148	77
22	306 − 197	109
23	354 − 166	188
24	383 − 188	195
25	412 − 135	277
26	448 − 269	179
27	450 − 181	269
28	475 − 298	177
29	513 − 255	258
30	546 − 389	157
31	552 − 163	389
32	561 − 294	267

33 $605 - 316 = 289$

34 $632 - 157 = 475$

35 $650 - 481 = 169$

36 $684 - 299 = 385$

37 $712 - 148 = 564$

38 $744 - 596 = 148$

39 $767 - 389 = 378$

40 $771 - 295 = 476$

41 $826 - 227 = 599$

42 $848 - 459 = 389$

43 $861 - 396 = 465$

44 $880 - 193 = 687$

45 $904 - 558 = 346$

46 $932 - 155 = 777$

47 $958 - 679 = 279$

48 $973 - 387 = 586$

6

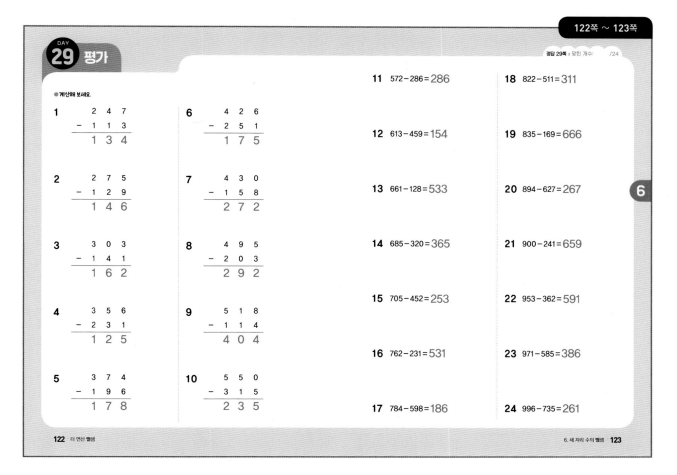

정답 29쪽 | 맞힌 개수: /24

●계산해 보세요.

1
```
    2 4 7
  -  1 1 3
    1 3 4
```

6
```
    4 2 6
  -  2 5 1
    1 7 5
```

2
```
    2 7 5
  -  1 2 9
    1 4 6
```

7
```
    4 3 0
  -  1 5 8
    2 7 2
```

3
```
    3 0 3
  -  1 4 1
    1 6 2
```

8
```
    4 9 5
  -  2 0 3
    2 9 2
```

4
```
    3 5 6
  -  2 3 1
    1 2 5
```

9
```
    5 1 8
  -  1 1 4
    4 0 4
```

5
```
    3 7 4
  -  1 9 6
    1 7 8
```

10
```
    5 5 0
  -  3 1 5
    2 3 5
```

11 572 − 286 = 286

12 613 − 459 = 154

13 661 − 128 = 533

14 685 − 320 = 365

15 705 − 452 = 253

16 762 − 231 = 531

17 784 − 598 = 186

18 822 − 511 = 311

19 835 − 169 = 666

20 894 − 627 = 267

21 900 − 241 = 659

22 953 − 362 = 591

23 971 − 585 = 386

24 996 − 735 = 261

6

다른 그림 찾기 >> 다른 그림 8곳을 찾아보세요.

정답 29쪽

MEMO

MEMO

MEMO

아이스크림
더연산

아이스크림에듀 영어 교재 시리즈

영어 실력의 핵심은 단어에서 시작합니다.
학습 격차는 NO! 케찹보카만으로 쉽고, 재미있게!
초등 영어 상위 어휘력, 지금부터 케찹보카로 CATCH UP!

LEVEL 1-1   LEVEL 1-2   LEVEL 2-1   LEVEL 2-2

LEVEL 3-1   LEVEL 3-2